中电建水环境 "百问" 系列丛书

供水知识

百问

中电建水环境治理技术有限公司　编

U0238167

中国水利水电出版社
www.waterpub.com.cn
·北京·

内 容 提 要

本书以专业的视角、问答的形式、通俗易懂的语言全面介绍了水环境治理重点领域——供水的基本知识，主要内容包括供水基础知识、取水工程、输水和配水工程、给水处理工程、供水水质分析监测、供水运营管理、供水设备知识、供水行业主要政策法规及财税政策、水资源综合信息管理以及国内外供水技术发展及提标改造等 100 个相关问答。

本书可供水环境、污水处理、环境保护以及非环境专业的水环境治理从业者和普通民众阅读。

图书在版编目（CIP）数据

供水知识百问 / 中电建水环境治理技术有限公司编
. --北京：中国水利水电出版社，2017.12
（中电建水环境"百问"系列丛书）
ISBN 978-7-5170-6191-5

Ⅰ．①供… Ⅱ．①中… Ⅲ．①给水工程－问题解答
Ⅳ．①TU991-44

中国版本图书馆 CIP 数据核字（2017）第 320472 号

书　　名	中电建水环境"百问"系列丛书 供水知识百问 GONGSHUI ZHISHI BAIWEN
作　　者	中电建水环境治理技术有限公司 编
出版发行	中国水利水电出版社 （北京市海淀区玉渊潭南路 1 号 D 座　100038） 网址：www.waterpub.com.cn E-mail：sales@waterpub.com.cn 电话：（010）68367658（营销中心）
经　　售	北京科水图书销售中心（零售） 电话：（010）88383994、63202643、68545874 全国各地新华书店和相关出版物销售网点
排　　版	北京图语包装设计有限公司
印　　刷	三河市鑫金马印装有限公司
规　　格	170mm×240mm　16 开本　7 印张　133 千字
版　　次	2017 年 12 月第 1 版　2017 年 12 月第 1 次印刷
印　　数	0001—2000 册
定　　价	40.00 元

凡购买我社图书，如有缺页、倒页、脱页的，本社营销中心负责调换

《中电建水环境"百问"系列丛书》
编委会

总　　编：王民浩

主　　编：禹芝文

副 主 编：陈惠明　　陶　　明

编　　委：芮建良　　陈湘斌　　梁岗伟

《供水知识百问》编写人员

主　　编：禹芝文

副 主 编：梁岗伟　　陈湘斌

编写人员：孙加龙　李旭辉　兰远明

　　　　　郭　振　姜嘉艺　王　贺

　　　　　石成名　谭明书　张明磊

　　　　　刘维宇　李雪铜　王　润

序

随着我国经济社会的快速发展，城市规模的加速扩张，大气、水和土地污染情况加剧，社会各阶层环保意识逐渐觉醒，发展和环保的矛盾日益突出。十八大以来，国家作出"大力推进生态文明建设"的战略决策。"大气十条""水十条""土十条"的相继颁布，标志着环保三大战役全面彻底打响。

生态文明建设，既需要专业的环保人才队伍，更需要全民的广泛参与，但目前我国在这两方面还存在差距。水环境治理与保护作为生态文明建设的重要内容同样如此。为此，中国电力建设集团有限公司作为一家有社会责任和担当的企业，充分发挥集团"懂水熟电"的优势，组织优秀力量，编写了《中电建水环境"百问"系列丛书》，致力于为推动我国水环境治理行业人才队伍的建设和公众环保意识的提高作一份贡献。丛书共 8 册，以专业的视角，问答的形式，通俗易懂的语言全面介绍并解读了水环境治理重点领域的基本知识，包括《海水淡化知识百问》《供水知识百问》《土壤治理知识百问》《污水处理知识百问》《水环境治理知识百问》《底泥处理处置知识百问》《垃圾处理知识百问》《水环境生态修复知识百问》，各成系列，相得益彰，适合对水环境治理感兴趣的从业者和普通民众阅读。

我们愿和各位环保同仁一道为祖国的绿水青山和"美丽中国"建设而努力！

中国电力建设集团有限公司副总经理

中电建水环境治理技术有限公司董事长

2017 年 8 月

前　言

　　水资源是人们在生产和生活中不可缺少的自然资源，是城市生存和发展的命脉。中国以占世界6%的可更新水资源和9%的耕地，养活了占全球22%的人口。近年来，随着国内经济的快速发展，城镇化建设的步伐加快，对水的需求日益增大，淡水供需矛盾逐渐深化，人们对水量和水质的要求也愈来愈高。在国家政策的引导和扶持下，供水行业持续快速发展。

　　本书以问答的形式介绍了供水行业相关知识，目的是针对水务人员职业发展需要，搜集和整理水务知识，为水务人才培训提供通用教材，使水务人员能迅速了解和掌握供水相关的基本技术知识。采用问答的形式展示大量常用的水务知识，不仅能缩短学习水务知识的时间，而且由于方式新颖，还能够提高水务工作人员的学习兴趣和效率，对丰富其水务知识，促进水务行业快速发展具有重要的意义。

　　本书共有100问，涵盖了以下内容：第1章　供水基础知识，介绍了我国水资源的状况、供水系统的组成及供水系统水量、水质和水压的要求；第2章　取水工程，介绍了常见的取水方式及相应的取水构筑物形式；第3章　输水和配水工程，对输水、配水管网的布置和选材进行了简单介绍；第4章 给水处理工程，系统介绍了原水中杂质的成分以及各处理单元的种类、功能、原理、特点和结构形式；第5章 供水水质分析监测，简要介绍了自来水厂水质检测的要求，及监测点的设置要求；第6章 供水厂运营管理，系统介绍了取水口、给水处理单元（滤池、沉淀池等）的维护管理和各单元设备的调试及维护保养方面的知识；第7章 供水设备知识，重点对自来水厂中管道、阀门、泵等的维护和保养知识进行介绍；第8章 供水行业主要政策法规，介绍了我国供水行业有关的政策法规；第9章 水资源综合信息管理，简单介绍了水资源管理系统的必要性、作用、技术要求等；第10章 国内外供水技术发展及提标改造，重点对比了我国供水技术与国外技术的差距，并提出了部分提标改造技术。

由于编者水平有限，疏漏之处，敬请专家和同行予以批评指正。

编 者

2017 年 5 月

目　　录

第1章　供水基础知识

1.1　中国水资源状况如何？

我国是一个水资源相对贫乏、时空分布又极不均匀的国家。水资源年内年际变化大，降水及径流的年内分配集中在夏季的几个月中；连丰、连枯年份交替出现，造成一些地区干旱灾害出现频繁和水资源供需矛盾突出等问题。我国水资源总量约为 28000 亿 m^3，居世界第 6 位，但人均水资源占有量只有 2300m^3，约为世界人均水平的 1/4。全国水资源的 81％集中分布在长江及其以南地区，而淮河及其以北地区水资源量仅占全国的 19％。总体来说：水资源的分布是南方多于北方，东部地区多于西部地区。由于水资源分布的差异以及我国水资源污染的日益加重，我国许多城市的水资源正在面临着严重的不足和短缺。造成城市水资源不足和短缺的主要原因为：水资源总量先天不足，人口多，人均水资源少；水源水质日趋恶化，不能满足水体正常循环使用的功能要求，大大减少了有效水资源的利用状况。

1.2　供水系统的功能、组成及分类如何？

1. 供水系统的功能

供水系统是为人们的生活、生产和消防提供用水的设施的总称，是保证城市工矿企业等用水的各项构筑物和输配水管网组成的系统。它的任务是从水源取水，按用户对水质的要求进行处理，然后将水输送到用水区，并向用户配水。

2. 供水系统的组成

（1）水源取水系统：包括水资源（如江河、湖泊、水库、海洋等地表水资源，潜水、承压水和泉水等地下水资源，复用水资源）、取水设施、提升设备和输水管渠等。

（2）给水处理系统：包括各种采用物理、化学、生物等方法的水质处理设备和构筑物。生活饮用水一般采用反应、絮凝、沉淀、过滤及消毒处理工艺和设施，工业用水一般采用冷却、软化、淡化、除盐等工艺和设施。

（3）给水管网系统：包括输水管渠、配水管网、水压调节设施（泵站、减压阀）及水量调节设施（清水池、高地水池、水塔等），又称为输水与配水系统，简称输配水系统。

图 1.1 为典型城市给水系统。

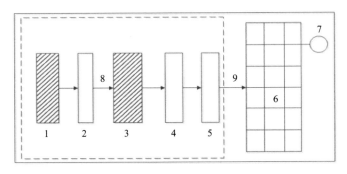

1—取水构筑物；2—一级泵站；3—水处理构筑物；4—清水池；5—二级泵站；6—配水管网；
7—水塔（或高地水库）；8—原水输水管道；9—清水输水管道

图 1.1　典型城市给水系统示意图

3. 供水系统的分类

（1）按水源种类，分为地表水（江河、湖泊、蓄水库、海洋等）和地下水（浅层地下水、深层地下水泉水等）给水系统。

（2）按供水方式，分为自流系统（重力供水）、水泵供水系统（压力供水）和混合供水系统。

（3）按使用目的，分为生活用水、生产给水和消防给水系统。

（4）按服务对象，分为城市给水和工业给水系统；在工业给水中，又分为直流系统、循环系统和复用系统。

1.3　设计城市给水系统时设计用水量如何确定？

在项目的不同阶段有不同的依据和规范，主要依据有《室外给排水设计规范》(GB 50013—2006)和《城市给水工程规范》(GB 50282—98)。

（1）根据《室外给排水设计规范》(GB 50013—2006)进行水量确定，设计用水量由下列各项组成。

1）综合生活用水量，即居民生活用水和公共建筑及设施用水。影响生活用水的因素很多，在设计时，如缺乏实际用水量资料，则居民生活用水定额和综合用水定额可参照《室外给排水设计规范》(GB 50013—2006)的规定，见表1.1和表1.2。

表 1.1　居民生活用水定额　　　　　　　　　单位：L/(人·d)

城市规模	特大城市用水情况		大城市用水情况		中、小城市用水情况	
分区	最高日	平均日	最高日	平均日	最高日	平均日
一	180~270	140~210	160~250	120~190	140~230	100~170
二	140~200	110~160	120~180	90~140	100~160	70~120
三	140~180	110~150	120~160	90~130	100~140	70~110

表 1.2　城市综合用水量调查表　　　　　　　单位：L/(人·d)

城市规模	特大城市用水情况		大城市用水情况		中、小城市用水情况	
分区	最高日	平均日	最高日	平均日	最高日	平均日
一	260~410	210~340	240~390	190~310	220~370	170~280
二	190~280	150~240	170~260	130~210	150~240	110~180
三	170~270	140~230	150~250	120~200	130~230	100~170

注　1. 特大城市指市区和近郊区非农业人口100万人及以上的城市；大城市指市区和近郊区非农业人口50万人及以上，不满100万人的城市；中、小城市指市区和近郊区非农业人口不满50万人的城市。

　　2. 一区包括：湖北、湖南、江西、浙江、福建、广东、广西、海南、上海、江苏、安徽、重庆；二区包括：四川、贵州、云南、黑龙江、吉林、辽宁、北京、天津、河北、山西、河南、山东、宁夏、陕西、内蒙古河套以东和甘肃黄河以东的地区；三区包括：新疆、青海、西藏、内蒙古河套以西和甘肃黄河以西的地区。

　　3. 经济开发区和特区城市，根据用水实际情况，用水定额可酌情增加。

　　4. 当采用海水或污水再生水等作为冲厕用水时，用水定额相应减少。

2）工业企业生产用水和工作人员生活用水。因为各城市的工业结构和规模以及发展水平差别很大，所以暂无该项定额。

生产用水量通常由企业的工艺部门提供。在缺乏资料时，可参考同类型企业用水指标。在估计工业企业生产用水量时，应按当地水源条件、工业发展情况、工业生产水平，预估将来可能达到的重复利用率。

工业企业内工作人员生活用水量和淋浴用水量可按《工业企业设计卫生标准》（GB Z1—2010）设计（表1.3）。工作人员生活用水量应根据车间性质决定，一般车间采用每人每班25L，高温车间采用每人每班35L。

表 1.3　工业企业内工作人员淋浴用水量

分级	车间卫生特征			用水量/[L/(人·班)]
	有毒物质	生产性粉尘	其他	
1级	极易经皮肤吸收引起中毒的剧毒物质（如有机磷、三硝基甲苯、四乙基铅等）		处理传染性材料、动物原料（如皮、毛等）	60
2级	易经皮肤吸收或有恶臭的物质。或高毒物质（如丙烯腈、吡啶、苯酚等）	严重污染全身或对皮肤有刺激的粉尘（如炭黑、玻璃棉等）	高温作业、井下作业	60
3级	其他毒物	一般粉尘（如棉尘）	重作业	40
4级	不接触有毒物质及粉尘，不污染或轻度污染身体（如仪表、金属冷加工等）			40

3）消防用水。消防用水只在火灾时使用，历时短暂，但从数量上说，它在城市用水量中占有一定的比例，尤其是中小城市，所占比例甚大。消防用水量、水压和火灾延续时间等，应按照现行的《建筑设计防火规范》（GB 50016）和《高层民用建筑设计防火规范》（GB 50045）等执行。

城市或居住区的室外消防用水量，应按同时发生的火灾次数和一次灭火的用水量确定，见表1.4。

表 1.4　城镇、居住区室外的消防用水量

人数/万人	同一时间内的火灾次数/次	一次灭火用水量/(L/s)
≤1.0	1	10
≤2.5	1	15
≤5.0	2	25
≤10.0	2	35
≤20.0	2	45
≤30.0	2	55
≤40.0	2	65
≤50.0	3	75
≤60.0	3	85
≤70.0	3	90
≤80.0	3	95
≤100	3	100

注　城镇的室外消防用水量包括居住区、工厂、仓库（含堆场、储罐）和民用建筑的室外消火栓用水里。

工厂、仓库和民用建筑的室外消防用水量，可按同时发生火灾的次数和一次灭火的用水量确定，见表 1.5。

表 1.5　工厂、仓库和民用建筑同时发生火灾次数

名称	基地面积 /hm²	附有居住区人数 /万人	同次发生的火灾次数	备注
工厂	≤100	≤1.5	1	按需水量最大的一座建筑物（或堆场）计算
工厂	≤100	>1.5	2	工厂、居住区各考虑一次
工厂	>100	不限	2	按需水量最大的两座建筑物（或堆场）计算
仓库、民用建筑	不限	不限	1	按需水量最大的两座建筑物（或堆场）计算

4）其他用水。浇洒道路和绿化用水量应根据路面种类、绿化面积、气候和土壤等条件确定。浇洒道路用水量一般为每平方米路面每次 1.0~1.5 L。大面积绿化用水量可采用 $1.5\sim2.0\ L/(d \cdot m^2)$。

城市的未预见水量和管网漏失水量可按最高日用水量的 15%~25%合并计算；工业企业自备水厂的上述水量可根据工艺和设备情况确定。

（2）根据《城市给水工程规划规范》（GB 50282—98）进行水量确定。

1）城市用水量应由下列两部分组成：

第一部分应为规划期内由城市给水工程统一供给的居民生活用水、工业用水、公共设施用水及其他用水水量的总和。

第二部分应为城市给水工程统一供给以外的所有用水水量的总和。其中应包括工业和公共设施自备水源供给的用水、河湖环境用水和航道用水、农业灌溉和养殖及畜牧业用水、农村居民和乡镇企业用水等。

2）城市给水工程统一供给的用水量应根据城市的地理位置、水资源状况、城市性质和规模、产业结构、国民经济发展和居民生活水平、工业回用水率等因素确定。

3）城市给水工程统一供给的用水量预测宜采用表 1.6 和表 1.7 中的指标。

表 1.6 城市单位人口综合用水量指标

区域	城市规模/[万 m³/(万人·d)]			
	特大城市	大城市	中等城市	小城市
一区	0.8~1.2	0.7~1.1	0.6~1.0	0.4~0.8
二区	0.6~1.0	0.5~0.8	0.35~0.7	0.3~0.6
三区	0.5~0.8	0.4~0.7	0.3~0.6	0.25~0.5

注 1. 特大城市指市区和近郊区非农业人口 100 万人及以上的城市；大城市指市区和近郊区非农业人口 50 万人及以上不满 100 万人的城市；中等城市指市区和近郊区非农业人口 20 万人及以上不满 50 万人的城市；小城市指市区和近郊区非农业人口不满 20 万人的城市。
 2. 一区包括：贵州、四川、湖北、湖南、江西、浙江、福建、广东、广西、海南、上海、云南、江苏、安徽、重庆；二区包括：黑龙江、吉林、辽宁、北京、天津、河北、山西、河南、山东、宁夏、陕西、内蒙古河套以东和甘肃黄河以东的地区；三区包括：新疆、青海、西藏、内蒙古河套以西和甘肃黄河以西的地区。
 3. 经济特区及其他有特殊情况的城市，应根据用水实际情况，用水指标可酌情增减（下同）。
 4. 用水人口为城市总体规划确定的规划人口数（下同）。
 5. 本表指标为规划期最高日用水量指标（下同）。
 6. 本表指标已包括管网漏失水量。

表 1.7 城市单位建设用地综合用水量指标

区域	城市规模/[万 m³/(km²·d)]			
	特大城市	大城市	中等城市	小城市
一区	1.0~1.6	0.8~1.4	0.6~1.0	0.4~0.8
二区	0.8~1.2	0.6~1.0	0.4~0.7	0.3~0.6
三区	0.6~1.0	0.5~0.8	0.3~0.6	0.25~0.5

注 本表指标已包括管网损失水量。

4）城市给水工程统一供给的综合生活用水量的预测，应根据城市特点、居民生活水平等因素确定。人均综合生活用水量宜采用表 1.8 中的指标。

表 1.8 人均综合生活用水量指标

区域	城市规模/[L/(人·d)]			
	特大城市	大城市	中等城市	小城市
一区	300~540	290~530	280~520	240~450
二区	230~400	210~380	190~360	190~350
三区	190~330	180~320	170~310	170~300

注 综合生活用水为城市居民日常生活用水和公共建筑用水之和，不包括浇洒道路、绿地、市政用水和管网漏失水量。

5）在城市总体规划阶段，估算城市给水工程统一供水的给水干管管径或预测分区的用水量时，可按照下列不同性质用地用水量指标确定。

a）城市居住用地用水量应根据城市特点、居民生活水平等因素确定。单位居住用地用水量可采用表 1.9 中的指标。

表 1.9　单位居住用地用水量指标

用地代号	区域	城市规模/[万 m³/(km²·d)]			
		特大城市	大城市	中等城市	小城市
R	一区	1.70~2.50	1.50~2.30	1.30~2.10	1.10~1.90
	二区	1.40~2.10	1.25~1.90	1.10~1.70	0.95~1.50
	三区	1.25~1.80	1.10~1.60	0.95~1.40	0.80~1.30

注　1. 本表指标已包括管网漏失水量。
　　2. 用地代号引用现行国家标准《城市用地分类与规划建设用地标准》(GB J137)。

b）城市公共设施用地用水量应根据城市规模、经济发展状况和商贸繁荣程度以及公共设施的类别、规模等因素确定。单位公共设施用地用水量可采用表 1.10 中的指标。

表 1.10　单位公共设施用地用水量指标

用地代号	用地名称	用水量指标/[万 m³/(km²·d)]
C	行政办公用地	0.50~1.00
	商贸金融用地	0.50~1.00
	体育、文化娱乐用地	0.50~1.00
	旅馆、服务业用地	1.00~1.50
	教育用地	1.00~1.50
	医疗、休疗养用地	1.00~1.50
	其他公共设施用地	0.80~1.20

注　本表指标已包括管网漏失水量。

c）城市工业用地用水量应根据产业结构、主体产业、生产规模及技术先进程度等因素确定。单位工业用地用水量可采用表 1.11 中的指标。

表 1.11　单位工业用地用水量指标

用地代号	工业用地类型	用水量指标/[万 m³/(km²·d)]
M1	一类工业用地	1.20~2.00
M2	二类工业用地	2.00~3.50
M3	三类工业用地	3.00~5.00

注　本表指标包括了工业用地中职工生活用水及管网漏失水量。

d）城市其他用地用水量可采用表 1.12 中的指标。

表 1.12　单位其他用地用水量指标

用地代号	用地名称	用水量指标/[万 m³/(km²·d)]
W	仓储用地	0.20~0.50
T	对外交通用地	0.30~0.60
S	道路广场用地	0.20~0.30
U	市政公用设施用地	0.25~0.50
G	绿地	0.10~0.30
D	特殊用地	0.50~0.90

注　本表指标已包括管网漏失水量。

6）进行城市水资源供需平衡分析时，城市给水工程统一供水部分所要求的水资源供水量为城市最高日用水量除以日变化系数再乘上供水天数。各类城市的日变化系数可采用表 1.13 中的数值。

表 1.13　日变化系数

城市规模	特大城市	大城市	中等城市	小城市
日变化系数	1.1~1.3	1.2~1.4	1.3~1.5	1.4~1.8

1.4　水质标准发展情况如何？

1. 生活饮用水水质标准

随着经济的发展，人口的增加，不少地区水源短缺，有的城市饮用水水源污染严重，居民生活饮用水安全受到威胁。1985 年发布的《生活饮用水卫生标准》（GB 5749－85）已不能满足保障人民群众健康的需要。为此，卫生部和国家标准化管理委员会对原有标准进行了修订，联合发布新的强制性国家《生活饮用水卫生标准》（GB 5749－2006）。

目前供水行业执行的水质标准为 2007 年 7 月 1 日起国家修订实施的《生活饮用水卫生标准》（GB 5749—2006），水质检测指标由原来的 35 项增加至 106 项，其特点如下：

（1）加强了对水质有机物、微生物和水质消毒等方面的要求。饮用水水质指标由原标准的 35 项增至 106 项，增加了 71 项。其中：微生物指标由 2 项增至 6 项；饮用水消毒剂指标由 1 项增至 4 项；毒理指标中无机化合物由 10 项增至 21 项；毒理指标中有机化合物由 5 项增至 53 项；感官性状和一般理化指标由 15 项增至 20 项；放射性指标仍为 2 项。

（2）统一了城镇和农村饮用水卫生标准。

（3）实现了饮用水标准与国际接轨。新标准水质项目和指标值的选择，充分考虑了我国实际情况，参考了世界卫生组织的《饮用水水质准则》，参考了欧盟、美国、俄罗斯和日本等国家和地区的饮用水标准。

由于我国地域广阔，各地具体情况不同，新标准中的水质非常规指标及限值的实施项目和日期，将由省级人民政府根据当地实际情况确定，必须于 2012 年 7 月 1 日前实施。

2. 工业用水水质标准

工业用水种类繁多，水质要求各不相同。水质要求高的工艺用水，不仅要求去除水中悬浮杂质和胶体杂质，而且还需要不同程度地去除水中的溶解杂质。

例如：食品、酿造及饮料工业的原料用水，水质要求应当高于生活饮用水标准；锅炉补给水，凡能导致锅炉、给水系统及其他热力设备腐蚀、结垢及引起汽水共腾现象的各种杂质，都应大部或部分去除；电子工业中，零件的清洗及药液的配制等，都需要纯水。

总之，工业用水的水质优劣，与工业生产的发展和产品质量的提高关系极大。各种工业用水对水质的要求由有关工业部门制订。

1.5　供水水压有何要求？

供水水压是指每个用户或每幢楼前（从地面算起）的管道中的水压，应保证用户的水嘴能随时放得出水。服务压力的确定是一个比较复杂的问题，应根据各城市地形特点、建筑的总体规划、建筑的综合层次、屋顶水箱设置情况、管网管材及要求的用户自行加压外，应满足大多数用户的要求。怎样确定服务压力是政策性较强的问题，一般由市政府和企业主管部门确定，随着城市的发展每隔若干年对服务压力进行检验并做适当的调整。

《室外给水设计规范》（GB 50013）规定当按建筑层数确定生活饮用水

管网上的最小服务水头,见表 1.14。

表 1.14　建筑层数与最小服务水头

建筑层数	一层	二层	三层	四层	五层	六层	七层	八层
最小服务水头/m	10	12	16	20	24	28	32	36

按照国家建设部关于《城市环境综合整治定量考核实施办法》通知(建设部建城字第 132 号)规定,管网压力合格率指管网服务压力的合格程度。合格标准为管网干线末端压力不低于 0.14MPa;管网为环状的,管网环各节点压力不低于 0.14MPa。

1.6　什么是二次供水?

所谓二次供水,是指城市公共供水或自建设施供水经储存、加压后再供用户的供水形式。通常二次供水设施主要是弥补市内供水管线压力不足,保证居住在高楼层人群用水而建设的。

二次供水的主要形式有:①不设地下水池和不用水泵加压的二次供水,如屋顶水箱、水塔;②设地下水池和水泵加压的二次供水,如加压后经屋顶水箱、气压瞄、变频调速水泵的二次供水;③不设地下水池,在管道上直接加压的二次供水。

第2章 取水工程

2.1 地下水取水构筑物如何分类？适用条件是什么？

地下水取水构筑物一般可分为管井、大口井、渗渠。

管井：井管从地面打到含水层，抽取地下水的井。管井直径一般为 50～1000mm，深度一般为 200m 以内，由井室、井壁管、过滤器、沉淀管组成。适用于含水层厚度大于 5m，其底板埋藏深度大于 15m 的场合。

大口井：由人工开挖或沉井法施工，设置井筒，以截取浅层地下水的构筑物。大口井主要由井筒、井口和进水部分组成。适用于含水层厚度为 5m 左右，其底板埋藏深度小于 15m 场合。

渗渠：壁上开孔，以集取浅层地下水的水平管渠。渗渠由渗水管渠、集水井和检查井组成。特点是沿河床布设，可以达到很大的取水量。渗渠可分为集水管和集水廊道两种型式；同时也有完整式和非完整式之分。仅适用于含水层厚度小于 5m，渠底埋藏深度小于 6m 场合。

2.2 选择地表水取水构筑物位置时，应考虑哪些因素？

选择地表水取水构筑物位置时，应考虑如下因素：

（1）取水点应设在具有稳定河床、靠近主流和有足够水深的地段。

（2）取水点应尽量设在水质较好的地段。

（3）取水点应设在具有稳定的河床及岸边，有良好的工程地质条件的地段，并有较好的地形及施工条件。

（4）取水点应尽量靠近主要用水区。

（5）取水点应避开人工构筑物和天然障碍物的影响。

（6）取水点应尽可能不受泥沙、漂浮物、冰凌、冰絮、支流和咸潮等的影响。

（7）取水点的位置应与河流的综合利用相适应，不妨碍航运和排洪，并符合河道、湖泊、水库整治规划的要求。

（8）供生活饮用水的地表水取水构筑物的位置，应位于城镇和工业企业上游的清洁河段。

2.3 地表水取水构筑物如何分类？

由于水源种类、性质和取水条件的不同，有多种型式。

按水源分，有河流、湖泊、水库取水构筑物以及山区浅水河流取水构筑物。

按取水构筑物的构造形式分，常用的有固定式和活动式两种。用于山区浅水河流取水构筑物包括底坝和底拦栅式取水构筑物，由于应用范围较小，在此不做详细介绍。

（1）固定式取水构筑物。固定式取水构筑物建在地基上，一旦建成就不能移动。固定式取水构筑物与活动式取水构筑物相比具有取水可靠、维护管理简单、适用范围广等优点。一般情况下，取水量大，供水安全可靠性要求高时采用固定式取水构筑物。

（2）移动式取水构筑物。活动式取水构筑物建在浮船或岸坡轨道上，能随着水位的变化上下移动。按水泵安装位置不同，活动式取水构筑物可分为浮船式和缆车式。水泵安装在浮船上，浮船随水位一起涨落，称为浮船式；水泵安装在缆车上，缆车能沿岸坡上的轨道上下移动以适应水位的变化，称为缆车式。

2.4 江河固定式取水构筑物基本型式及构造组成是什么？

一般水质的江河固定式取水构筑物主要分为岸边式和河床式两种。对于含有较多的泥沙、冰絮及漂浮物等水质较差的水体常采用在岸边式和河床式取水构筑物之前辅以斗槽，称之为斗槽式。

岸边式取水构筑物是直接从江河岸边取水的构筑物，由进水间和泵房两部分组成。其型式可分为合建式和分建式。适用于岸边较陡、主流近岸、岸边有足够水深、水质和地质条件较好且水位变幅不大的情况。

河床式取水构筑物是利用伸入江河中心的进水管和固定在河床上的取水头部取水的构筑物。河床式取水构筑物由取水头部、进水管、集水间和泵房等部分组成。其型式分为自流管式、虹吸管式、水泵直接吸水式和桥墩式。适用于河床稳定，河岸平坦，枯水期主流远离取水岸，岸边水深不够或水质较差，而河中心具有足够水深或水质较好的情况。

在岸边式或河床式取水构筑物之前，在河流岸边用堤坝围成，或在岸内开挖形成进水斗槽。水流进入斗槽后，流速减小，便于泥沙沉淀和水内冰上浮，可减少泥沙和冰凌进入进水孔，适用于取水量大、河流含沙量高、漂浮物较多、冰絮较严重且有适合地形的情况。

2.5　海水取水有何特点?常用的海水取水构筑物的形式有哪几种?

（1）海水取水特点如下：

1）海水含盐量及腐蚀。海水含有较高的盐分，如不经处理，一般只宜作为工业冷却用水。海水中的盐分主要是氯化钠，其次是氯化镁和少量的硫酸镁、硫酸钙等。因此，海水的腐蚀性甚强，硬度也很高。

2）海生物影响。海水中的生物容易造成取水头部、格网和管道阻塞，不易清除，对取水安全有很大威胁。

3）潮汐和波浪。宜设在避风的位置，并对潮汐和风浪造成的水位波动及冲击力有足够的考虑。

4）泥沙淤积。海滨地区，特别是淤泥质海滩，漂砂随潮汐运动而流动，可能造成取水口及引水管渠严重淤积。因此，取水口应设在岩石海岸、海湾或防波堤内。

（2）海水取水构筑物主要有下列三种形式：

1）引水管渠取水。当海滩比较平缓时，用自流管或引水渠取水。

2）岸边式取水。在深水海岸，当岸边地质条件较好，风浪较小，泥沙较少时，可以建造岸边式取水构筑物，从海岸边取水，或者采用水泵吸水管直接伸入海岸边取水。

3）潮汐式取水。在海边围堤修建蓄水池，在靠海岸的池壁上设置若干潮门，涨潮时，海水推开潮门，进入蓄水池；退潮时，潮门自动关闭，泵站自蓄水池取水。

第 3 章　输水和配水工程

3.1　什么是输水和配水系统？给水管网系统的功能与组成如何？

输水和配水系统是保证输水到给水区内并且配水到所有用户的全部设施。它包括输水管渠、配水管网、泵站、水塔和水池等。对输水和配水系统的总要求是，供给用户所需的水量，保证配水管网足够的水压，保证不间断给水。

给水管网系统是给水工程设施的重要组成部分，是由不同材料的管道和附属设施构成的输水网络。

给水管网系统承担供水的输送、分配、压力调节（加压、减压）和水量调节任务，起到保障用户用水的作用。

给水管网系统一般由输水管（渠）、配水管网、水压调节设施（泵站、减压阀）及水量调节设施（清水池、水塔、高位水池）等构成。

（1）输水管（渠）是指在较长距离内输送水量的管道或渠道，输水管（渠）一般不沿线向外供水。

（2）配水管网是指分布在供水区域内的配水管道网络。其功能是将来自于较集中点（如输水管渠的末端或贮水设施等）的水量分配输送到整个供水区域，使用户能从近处接管用水。

配水管网由主干管、干管、支管、连接管、分配管等构成。

（3）泵站是输配水系统中的加压设施，一般由多台水泵并联组成。给水管网系统的泵站有供水泵站（又称二级泵站）和加压泵站（又称三级泵站）两种形式。供水泵站一般位于水厂内部，将清水池中的水加压后送入输水管或配水管网。加压泵站则对远离水厂的供水区域或地形较高的区域进行加压即实现多级加压。

（4）水量调节设施有清水池、水塔和高位水池等形式。主要作用是调节供水与用水的流量差，也称调节构筑物。水量调节设施也可用于贮存备用水量，以保证消防、检修、停电和事故等情况下的用水，提高系统的供水安全可靠性。

（5）减压设施，用减压阀和节流孔板等降低和稳定输配水系统局部的水压，以避免水压过高造成管道或其他设施的漏水、爆裂、水锤破坏，或避免用水的不舒适感。

3.2　输水管线、配水管网的材料要求及管材分类如何？

（1）输水管线、配水管网的材料要求：①有足够的强度，可以承受各种内外要求；②水密性，它是保证管网有效而经济地工作的重要条件；③水管内壁面应光滑以减小水头损失；④价格较低，使用年限较长，并且有较高的防止水和土壤的侵蚀能力；⑤接口施工方便，工作可靠。

（2）输水管线、配水管网管材常可分为金属管材料和非金属管材料两大类。

1）金属管。目前常用的金属管主要有钢管和铸铁管。

钢管主要为焊接钢管和无缝钢管两大类。焊接钢管有直缝钢管和螺旋卷焊钢管。钢管的优点是强度高、耐振动、重量轻、长度大、接头少和加工接口方便等。

铸铁管一般包括普通灰口铸铁管和球墨铸铁管。灰口铸铁管具有较强的耐腐蚀性，以往使用较广，但由于连续铸管工艺的缺陷，质地较脆，抗冲击和抗震能力较差，重量较大，且经常发生接口漏水，水管断裂和爆管事故。球墨铸铁管具有灰口铸铁管的许多优点，并且机械性能也有很大的提高，其强度是灰口铸铁管的多倍，抗腐蚀性能远高于钢管，重量较轻，很少发生爆管、渗水和漏水现象。

2）非金属管材。预应力钢筋混凝土管的主要特点是造价低、抗震性能强、管壁光滑、水力条件好、耐腐蚀、爆管率低，但重量大，不便于运输和安装。

塑料管材主要有硬聚氯乙烯管（UPVC）、聚乙烯管（PE 管）、交联聚乙烯（PEX）管、聚丙烯共聚物 PP-R、PP-C 管。优点：重量轻、便于运输及安装、管道内壁光滑阻力系数小、防腐性能良好、对水质不构成二次污染。

玻璃钢管（FRP 管）是一种新型管材，耐腐蚀，不结垢，能长期保持较高的输水能力，强度高、粗糙系数小。在相同使用条件下，重量是钢材的 1/4 左右，是预应力钢筋混凝土管的 1/5~1/10，因此便于运输和施工。但价格较高，几乎和钢管相接近，一般用于具有强腐蚀性土壤。

3.3 输水管渠定义、特点、形式、定线原则是什么？

（1）定义。从水源到水厂或水厂到相距较远管网的管、渠叫做输水管渠。

（2）特点。距离长，与河流、高地、交通路线等的交叉较多。中途一般没有流量的流入与流出。

（3）形式。常用的有压力输水管渠和无压输水管渠两种形式。无压输水通常以重力为输水动力，运行费用较低，但管渠的布置受到地形的限制，管渠的断面尺寸以及水流速度也会受到水位落差的影响，明渠输水过程中原水可能受到污染。压力输水通常以水泵为动力，运行费用较高，但管道的布置相对来说比较自由，输水过程中原水不会受到污染。

（4）定线原则。必须与城市建设规划相结合，尽量缩短线路长度，减少拆迁，少占农田，便于管渠施工和运行维护，保证供水安全；选线时，应选择最佳的地形和地质条件，尽量沿现有道路定线，便于施工和检修；减少与铁路、公路和河流的交叉；管线避免穿越滑坡、岩层、沼泽、高地下水位和河水淹没与冲刷地区，以降低造价和便于管理；尽可能重力输水。

3.4 管网布置的基本形式及其优缺点是什么？管网布置应满足哪些基本要求？

（1）管网布置有两种基本形式即树状网和环状网。树状网适用于小城市和小型工矿企业。在城市建设初期可采用树状网，以后随着给水事业的发展逐步连成环状网。

树状网特点：造价低，供水可靠性差，因树状网的末端水量小、水流缓慢而导致水质容易变坏，有出现浑水和红水的可能，管线过长则易因水锤现象而导致管线损坏。

环状网特点：造价高，供水安全可靠，水质不易变坏，可减轻因水锤作用产生的危害。

（2）给水管网的布置应满足以下要求：

1）按照城市规划平面图布置管网，布置时应考虑给水系统分期建设的可能性，并留有充分的发展余地。

2）管网布置必须保证供水安全可靠，当局部管网发生事故时，断水范围应减到最小。

3）管线遍布在整个给水区，保证用户有足够的水量和水压。

4）以最短距离敷设管线，以降低管网造价和供水能量费用。

3.5　什么是水锤作用？如何减缓水锤作用力？

水锤作用或称水击，意指水流在管路中流动，此时若将管路下游之阀门快速关闭，水流流动具有惯性动量，因此水流惯性动量持续往前推挤，造成管内压力急速上升，造成管路受到破坏。水锤作用大小则与流量和水头落差有关，瞬间流量和水头落差愈大，造成流速愈快，相对地水流的惯性动量愈大，产生水锤作用愈大。

如何减缓水锤作用力，具体措施如下：

（1）适当加大管径，限制管道流速。一般在液压系统中把速度控制为 4.5m/s 以内，压力波动（ΔP）不超过 5MPa 就可以认为是安全的。

（2）正确设计阀口或设置制动装置，使运动部件制动时速度变化比较均匀。

（3）延长阀门关闭和运动部件制动换向的时间，可采用换向时间可调的换向阀。

（4）尽量缩短管长，以减小压力冲击波的传播时间。

（5）在容易发生液压冲击的部位采用橡胶软管或设置蓄能器，以吸收冲击压力；也可以在这些部位安装安全阀，以限制压力升高。

第4章 给水处理工程

4.1 原水水中有哪些杂质？

取自任何水源的水中，都不同程度的含有各种各样的杂质。这些杂质不外乎两种来源：一是自然过程，例如，地层矿物质在水中的溶解，水中微生物的繁殖及其死亡残骸，水流对地表及河床冲刷所带入的泥沙和腐殖质，等等；二是人为因素即工业废水及生活污水的污染。这些杂质按尺寸分成悬浮物、胶体和溶解物 3 类，见表 4.1。

表 4.1　水中杂质分类

杂质	溶解物 （低分子、离子）	胶　体	悬　浮　物	
颗粒尺寸	$<10^{-6}$ mm	$10^{-6}\sim10^{-4}$ mm	$>10^{-4}$ mm	
分辨工具	电子显微镜可见	超显微镜可见	显微镜可见	肉眼可见
水的外观	透明	浑浊	浑浊	

（1）悬浮物和胶体杂质。

1）悬浮物尺寸较大，易于在水中下沉或上浮。如果密度小于水，则可上浮到水面。

2）胶体颗粒尺寸很小，在水中长期静置也难下沉。水中存在的胶体通常有黏土、某些细菌及病毒、腐殖质及蛋白质等。有机高分子物质通常也属于胶体一类。

悬浮物和胶体是使水产生浑浊现象的根源。其中有机物，如腐殖质及藻类等，往往会造成水的色、臭、味。它们是饮用水处理的主要去除对象。

（2）溶解杂质。溶解杂质包括有机物和无机物两类。无机溶解物是指水中的无机低分子和离子。它们与水构成均相体系，外观透明，属于真溶液。但有的溶解杂质可使水产生色、臭、味。无机溶解杂质主要是某些工业用水的去除对象，但有毒、有害无机溶解物也是生活饮用水的去除对象。有机污染物主要来源于水源污染，也有天然存在的，如腐殖质等。当前，在饮用水处理中，溶解的有机物已成为重点去除对象之一。

受污染水中溶解杂质多种多样。重点介绍天然水体中原来含有的主要溶解杂质。

1）溶解气体。天然水中的溶解气体主要是氧、氮和二氧化碳，有时也含有少量硫化氢。

2）离子。天然水中所含主要阳离子有 Ca^{2+}、Mg^{2+}、Na^+；主要阴离子有 HCO_3^-、SO_4^{2-}、Cl^-。此外还含有少量 K^+、Fe^{2+}、Mn^{2+}、Cu^{2+} 等阳离子及 CO_3^{2-}、NO_3^- 等阴离子。

4.2 各种天然水源的水质特点如何？

各种天然水源的水质特点见表 4.2。

表 4.2 各种天然水源的水质特点

水质类型	水质特点	含盐量	硬度（以 CaO 计）	用 途
地下水	水质清澈，水源不易受外界污染和气温影响。水质、水温较稳定	高于地表水（海水除外），大部分含盐量为 200~500mg/L	高于地表水，硬度为 60~300mg/L	宜作为饮用水和工业冷却水的水源
江河水	易受自然条件影响。悬浮物和胶态杂质含量较多，浊度高于地下水	较低,总体来说一般均无碍于生活饮用	较低,总体来说一般均无碍于生活饮用	处理达标后作为饮用水使用，但夏季水不宜作为工业冷却水使用
湖泊及水库水	与河水类似。但湖（库）水流动性小，贮存时间长，浊度较低，藻类较多	较河水高	较低	咸水湖的水不宜生活饮用
海水	含盐量高，而且所含各种盐类或离子的重量比例基本上一定，其中氯化物含量最高	高	—	须经淡化处理才可作为居民生活用水

4.3 自来水厂常用净水处理工艺是什么？

自来水厂生产的常规水处理工艺为澄清、消毒工艺，如图4.1所示。这是以地表水为水源的生活饮用水的常用处理工艺。但工业用水也常需澄清工艺。

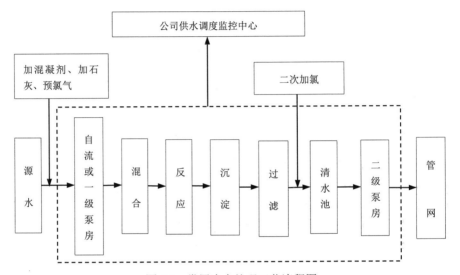

图 4.1 常用净水处理工艺流程图

澄清工艺通常包括混凝、沉淀和过滤，处理对象主要是水中悬浮物和胶体杂质。原水加药后经混凝时水中悬浮物和胶体形成大颗粒絮凝体，而后通过沉淀池进行重力分离。过滤是利用粒状滤料截留水中杂质的构筑物，常置于混凝和沉淀构筑物之后，用以进一步降低水的浑浊度。

消毒是灭活水中致病微生物，通常在过滤以后进行。主要通过向水中投加消毒剂以杀灭致病微生物。

4.4 城市自来水处理有哪些特殊方法？

城市自来水处理主要有以下四种方法：

（1）除臭和除味。除臭和除味的方法取决于水中臭和味的来源。用活性炭吸附或氧化方法去除水中有机物所产生的臭和味；用微滤机或气浮法去除因藻类繁殖而产生的臭和味；采取除盐措施解决溶解盐类所产生的臭和味等。

（2）除铁、除锰和除氟。当溶解于地下水中的铁、锰含最超过规定标准时，常采取自然氧化法和接触氧化法除铁、除锰。当水中含氟量超过 1.0mg/L 时，可采取活性氧化铝去除。

（3）软化。软化的处理对象主要是水中钙离子、镁离子。主要方法有离子交换法和药剂软化法。离子交换法是使水中 Ca^{2+}、Mg^{2+} 与阳离子交换剂上的离子互相交换以达到去除目的；药剂软化法是在水中投入药剂，石灰、苏打等使 Ca^{2+}、Mg^{2+} 转变为沉淀物而从水中分离。

（4）淡化和除盐。处理对象是水中各种溶解盐类，包括阴、阳离子。将高含盐量的水，如海水及"苦咸水"处理到符合生活饮用或某些工业用水要求时的处理过程，一般称为咸水"淡化"；制取纯水及高纯水的处理过程称为水的"除盐"。主要方法有蒸馏法、离子交换法、电渗析法及反渗透法等。

4.5　受污染水源的处理方法是什么？

对于不受污染的天然地表水源而言，饮用水的处理对象主要是去除水中悬浮物、胶体和致病微生物；对此，常规处理工艺（即混凝、沉淀、过滤、消毒）是十分有效的。但对于污染水源而言，水中溶解性的有毒有害物质，特别是具有致癌、致畸、致突变的有机污染物（简称"三致物质"或"三致"前体物，如腐殖酸等）是常规处理方法难以解决的。于是，便在常规处理基础上增加预处理和深度处理。前者置于常规处理前，后者置于常规处理后，即：预处理+常规处理或常规处理+深度处理。

预处理方法主要有粉末活性炭吸附法、臭氧或高锰酸钾氧化法、生物氧化法等。以上各种预处理法除了去除水中有机污染物外，同时也具有除味、除臭及除色作用。当然，不同方法在除污染能力上有所差别。同时，各种方法均各有优缺点。除了上述预处理方法外，还有其他一些方法，如曝气法、水库蓄存法等。此外，新的预处理法正在继续探索中。

深度处理方法主要有：粒状活性炭吸附法、臭氧-粒状活性炭联用法或生物活性炭法、化学氧化法、光化学氧化法及超声波-紫外线联用法等物理化学氧化法、膜滤法等。在以上几种方法中，活性炭吸附及臭氧-活性炭联用法已用于生产，欧洲国家应用较广泛，我国少数水厂也有应用。生产实践表明，采用臭氧-活性炭联用技术去除水中微量有机污染物十分有效，但基建投资和运行费用较高，故我国目前尚未广泛应用。同济大学严煦世教授等在光化学氧化法的研究方面已取得重要成果，超声-紫外联用法也开始研究并取得一定成效，但这些技术尚难在城市水厂应用，宜用于小型饮水净化装置。超滤法及纳滤法也具有应用前景，但不能去除水中小分子有机物，且纳滤和超滤装置成本及运行费用较高。

4.6　混凝的定义及其机理是什么？

简而言之，"混凝"就是水中胶体粒子以及微小悬浮物的聚集过程。这一过程涉及三方面问题：水中胶体粒子（包括微小悬浮物）的性质、混凝剂在水中的水解物种以及胶体粒子与混凝剂之间的相互作用。

关于混凝的机理，看法比较一致的是，混凝剂对水中胶体粒子的混凝作用有三种：电性中和、吸附架桥和卷扫作用。这三种作用究竟以何者为主，取决于混凝剂种类和投加量、水中胶体粒子性质、含量以及水的 pH 值等。这三种作用有时会同时发生，有时仅其中 1~2 种机理起作用。目前，这三种作用机理尚限于定性描述，今后的研究目标将以定量计算为主。

4.7　混凝剂的种类有哪些？决定投加量的因素有哪些？

混凝剂种类很多，据目前所知，不少于 200~300 种。按化学成分可分为无机和有机两大类。无机混凝剂品种较少，目前主要是铁盐和铝盐及其聚合物，在水处理中用的最多。有机混凝剂品种很多，主要是高分子物质，但在水处理中的应用比无机的少。

决定混凝剂投加量的因素：①进水量；②原水水质；③原水的 pH 值（水的酸碱度）；④原水水温。

4.8　混凝剂溶液如何溶解配制和投加？

混凝剂投加分固体投加和液体投加两种方式。前者我国很少应用，通常将固体溶解后配成一定浓度的溶液投入水中。

溶解设备往往决定于水厂规模和混凝剂品种。大、中型水厂通常建造混凝土溶解池并配以搅拌装置。搅拌是为了加速药剂溶解。搅拌装置有机械搅拌、压缩空气搅拌及水力搅拌等，其中机械搅拌用得较多。它是以电动机驱动桨板或涡轮搅动溶液。压缩空气搅拌常用于大型水厂。它是向溶解池内通入压缩空气进行搅拌，优点是没有与溶液直接接触的机械设备，使用维修方便，但与机械搅拌相比，动力消耗较大，溶解速度稍慢。压缩空气最好来自水厂附近其他工厂的气源，否则需专设压缩空气机或鼓风机。用水泵自溶解池抽水再送回溶解池，是一种水力搅拌。水力搅拌也可用水厂二级泵站高压水冲动药剂，此方式一般仅用于中、小型水厂和易溶混凝剂。

混凝剂的常用投加方式有如下几种：

（1）泵前药液投加。在水泵吸水管或吸水喇叭口处投加药液，如图 4.2 所示。这种投加方式安全可靠，一般适用于取水泵房距水厂较近者。图 4.2 中水封箱是为防止空气进入而设的。

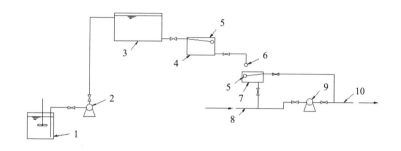

1—溶解池；2—提升泵；3—溶液池；4—恒位箱；5—浮球阀；

6—投药苗嘴；7—水封箱；8—吸水管；9—水泵；10—压力管

图 4.2　泵前加药示意图

（2）高位溶液池重力投加。当取水泵房距水厂较远者，应建造高架溶液池利用重力将药液投入水泵压水管上，如图 4.3 所示，或者投加在混合池入口处。这种投加方式安全可靠，但溶液池位置较高。

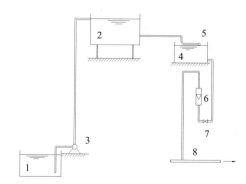

1—溶解池；2—溶液池；3—提升泵；4—水封箱；5—浮球阀；

6—流量计；7—调节阀；8—压水管

图 4.3　高位溶液池重力加药示意图

（3）水射器投加利用高压水通过水射器喷嘴和喉管之间真空抽吸作用将药液吸入，同时随水的余压注入原水管中，如图4.4所示。这种投加方式设备简单，使用方便，溶液池高度不受太大限制，但水射器效率较低，且易磨损。

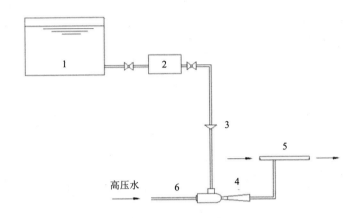

1—溶液池；2—投药箱；3—漏斗；4—水射器；5—压水管；6—高压水管

图 4.4　水射器加药示意图

（4）泵投加。泵投加有两种方式：一是采用计量泵（柱塞泵或隔膜泵）；另一是采用离心泵配上流量计。采用计量泵不必另备计量设备，泵上有计量标志，可通过改变计量泵行程或变频调速改变药液投量，最适合用于混凝剂自动控制系统。图4.5为计量泵投加示意。图4.6为药液注入管道方式，这样有利于药剂与水的混合。

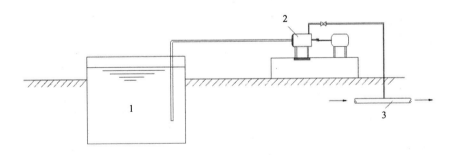

1—溶液池；2—计量泵；3—压力管

图 4.5　计量泵加药示意图

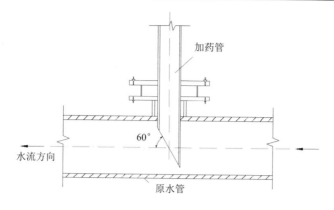

图 4.6　药液注入管道式加药示意图

4.9　混合设备的基本要求及种类有哪些？

混合设备的基本要求是，药剂与水的混合必须快速均匀。混合设备种类较多，我国常用的归纳起来有三类：水泵混合、管式混合和机械混合池。

1. 水泵混合

水泵混合是我国常用的混合方式。药剂投加在取水泵吸水管或吸水喇叭口处，利用水泵叶轮高速旋转以达到快速混合目的。水泵混合效果好，不需另建混合设施，节省动力，大、中、小型水厂均可采用。但当采用三氯化铁作为混凝剂时，若投量较大、药剂对水泵叶轮可能有轻微腐蚀作用。当取水泵房距水厂处理构筑物较远时，不宜采用水泵混合，因为经水泵混合后的原水在长距离管道输送过程中，可能过早地在管中形成絮凝体。已形成的絮凝体在管道中一经破碎，往往难于重新聚集，不利于后续絮凝，且当管中流速低时，絮凝体还可能沉积管中。因此，水泵混合通常用于取水泵房靠近水厂处理构筑物的场合，两者间距不宜大于 150m。

2. 管式混合

最简单的管式混合即将药剂直接投入水泵压水管中以借助管中流速进行混合。管中流速不宜小于 1m/s，投药点后的管内水头损失不小于 0.3~0.4m。投药点至末端出口距离以不小于 50 倍管道直径为宜。为提高混合效果，可在管道内增设孔板或文丘利管。这种管道混合简单易行，无需另建混合设备，但混合效果不稳定，管中流速低时，混合不充分。

目前广泛使用的管式混合器是"管式静态混合器"。混合器内按要求安装若干固定混合单元。每一混合单元由若干固定叶片按一定角度交叉组成。水流和药剂通过混合器时，将被单元体多次分割、改向并形成涡旋，达到混合目的。这种混合器构造简单，无活动部件，安装方便，混合快速而均匀。目前，我国已生产多种形式静态混合器，管式静态混合器的口径与输水管道相配合，目前最大口径已达 2000mm。这种混合器水头损失稍大，但因混合效果好，从总体经济效益而言还是具有优势的。唯一缺点是当流量过小时效果下降。

另一种管式混合器是"扩散混合器"。它是在管式孔板混合器前加装一个锥形帽。水流和药剂对冲锥形帽而后扩散形成剧烈紊流，使药剂和水达到快速混合。锥形帽夹角 90°。锥形帽顺水流方向的投影面积为进水管总截面积的 1/4。孔板的开孔面积为进水管截面积的 3/4。孔板流速一般采用 1.0~1.5m/s。混合时间约 2~3 秒。混合器节管长度不小于 500mm。水流通过混合器的水头损失约 0.3~0.4m。混合器直径在 DN 200~1200mm 范围内。

3. 机械混合池

机械混合池是在池内安装搅拌装置，以电动机驱动搅拌器使水和药剂混合的。搅拌器可以是桨板式、螺旋桨式或透平式。桨板式适用于容积较小的混合池（一般为 2m 以下），其余可用于容积较大混合池。搅拌功率按产生的速度梯度为每秒 700~1000 计算确定。混合时间控制为 10~30 秒以内，最大不超过 2min。机械混合池在设计中应避免水流同步旋转而降低混合效果。机械混合池的优点是混合效果好，且不受水量变化影响，适用于各种规模的水厂。其缺点是增加机械设备并相应增加维修工作。

4.10 絮凝设备的基本要求及种类有哪些？

絮凝设备的基本要求是，原水与药剂经混合后，通过絮凝设备应形成肉眼可见的大的密实絮凝体。絮凝池概括起来可分为以下四类：

（1）隔板絮凝池。隔板絮凝池是应用历史较久、常经应用的一种水力搅拌絮凝池，有往复式和回转式两种，后者是在前者的基础上加以改进而成的。在往复式隔板絮凝池内，水流作 180°转弯，局部水头损失较大，而这部分能量消耗往往对絮凝效果作用不大。因为 180°的急剧转弯会使絮凝体有破碎可能，特别在絮凝后期。回转式隔板絮凝池内水流作 90°转弯，局部水头损失大为减小、絮凝效果也有所提高。

（2）折板絮凝池。折板絮凝池是在隔板絮凝池基础上发展起来的一种水力搅拌絮凝池，目前已得到广泛应用。

折板絮凝池通常采用竖流式。它是将隔板絮凝池（竖流式）的平板隔板改成具有一定角度的折板。折板可以波峰对波谷平行安装，称"同波折板"，也可波峰相对安装，称"异波折板"。按水流通过折板间隙数，又分为"单通道"和"多通道"。多通道系指，将絮凝池分成若干格子，每一格内安装若干折板，水流沿着格子依次上、下流动。在每一个格子内，水流平行通过若干个由折板组成的并联通道。无论在单通道或多通道内，同波、异波折板两者均可组合应用。有时，絮凝池末端还可采用平板。

（3）机械絮凝池。机械絮凝池利用电动机经减速装置驱动搅拌器对水进行搅拌，故水流的能量消耗来源于搅拌机的功率输入。搅拌器有桨板式和叶轮式等。目前我国常用前者。根据搅拌轴的安装位置，又分水平轴和垂直轴两种形式。水平轴式通常用于大型水厂。垂直轴式一般用于中、小型水厂。单个机械絮凝池接近于 CSTR 型反应器，故宜分格串联。分格愈多，愈接近 PF 型反应器，絮凝效果愈好，但分格过多，造价增高且增加维修工作量。每格均安装一台搅拌机。为适应絮凝体形成规律，第一格内搅拌强度最大，而后逐格减小，从而速度梯度 G 值也相应由大到小。搅拌强度取决于搅拌器转速和桨板面积。

（4）其他形式絮凝池。我国常用的或推荐的絮凝池还有穿孔旋流絮凝池及网格或栅条絮凝池等。

4.11　沉淀的机理及种类有哪些？

水中的悬浮颗粒依靠重力作用，从水中分离出来的过程称为沉淀。在给水处理中，常遇到以下四种沉淀：

第一种是颗粒沉淀过程中，彼此没有干扰、只受到颗粒本身在水中的重力和水流阻力的作用，称为自由沉淀。

第二种是颗粒在沉淀过程中，彼此相互干扰，或者受到容器壁的干扰，虽然其力度和第一种相同，但沉淀速度却较小，称为拥挤沉淀。

第三种是絮凝沉淀，水中悬浮固体浓度也不高，但具有凝聚性能，在沉淀过程中相互聚合，其尺寸和质量均随深度而增加，其沉速也随深度而增大。

第四种为压缩沉淀，悬浮物浓度很高，固体颗粒相互接触，相互支撑，上层颗粒在重力作用下将下层颗粒间隙中的液体挤出界面，使固体颗粒群被压缩。

4.12 沉淀池的作用和形式如何？

沉淀池的作用是，在原水经投药、混合与絮凝后，水中悬浮杂质已形成粗大的絮凝体，要在沉淀池中分离出来以完成澄清的作用。它的型式很多，按池内水流方向可分为平流式、竖流式和辐流式三种。

（1）平流式由进出水口、水流部分和污泥斗三个部分组成。平流式沉淀池多用混凝土筑造，也可用砖石圬工结构，或用砖石衬砌。平流式沉淀池构造简单，沉淀效果好，工作性能稳定，使用广泛，但占地面积较大。若加设刮泥机或对比重较大沉渣采用机械排除，可提高沉淀池的工作效率。

（2）竖流式。池体平面为圆形或方形。废水由设在沉淀池中心的进水管自上而下排入池中，进水的出口下设伞形挡板，使废水在池中均匀分布，然后沿池的整个断面缓慢上升。悬浮物在重力作用下沉降入池底锥形污泥斗中，澄清水从池上端周围的溢流堰中排出。溢流堰前也可设浮渣槽和挡板，保证出水水质。这种池占地面积小，但深度大，池底为锥形，施工较困难。

（3）辐流式。池体平面多为圆形，也有方形的。直径较大而深度较小，直径为 20～100m，池中心水深不大于 4m，周边水深不小于 1.5m。废水自池中心进水管入池，沿半径方向向池周缓慢流动。悬浮物在流动中沉降，并沿池底坡度进入污泥斗，澄清水从池周溢流入出水渠。

4.13 平流沉淀池构造如何？

平流式沉淀池可分为进水区、沉淀区、出水区和存泥区四部分。

（1）进水区。进水区的作用是使水流均匀地分布在整个进水截面上，并尽量减少扰动。一般做法是使水流从絮凝池直接流入沉淀池，通过穿孔墙将水流均匀分布于沉淀池整个断面上。为防止絮凝体破碎，孔口流速不宜大于 0.15~0.2m/s；为保证穿孔墙的强度，洞口总面积也不宜过大。洞口的断面形状宜沿水流方向逐渐扩大，以减少进口的射流。

（2）沉淀区。要降低沉淀池中水流的 Re 数和提高水流的 Fr 数，必须设法减小水力半径。采用导流墙将平流式沉淀池进行纵向分格可减小水力半径，改善水流条件。

沉淀区的高度与其前后相关净水构筑物的高程布置有关，一般为 3~4m。沉淀区的长度 L 决定于水平流速 v 和停留时间 T；沉淀区的宽度决定于流量 Q、池深 H 和水平流速 v，即

$$L=vT,\quad B=Q/vT$$

沉淀区的长、宽、深之间相互关联，应综合研究决定，还应核算表面负荷。一般认为，长宽比不小于 4，宜大于 10。每格宽度宜为 3~8m，不宜大于 15m。

（3）出水区。沉淀后的水应尽量在出水区均匀流出，一般采用堰口布置，或采用淹没式出水孔口。后者的孔口流速宜为 0.6~0.7m/s，孔径为 20~30mm，孔口在水面下 12~15cm。孔口水流应自由跌落到出水渠中。

为缓和出水区附近的流线过于集中，应尽量增加出水堰的长度，以降低堰口的流量负荷。堰口溢流率一般小于 $500m^3/(m\cdot d)$。

（4）存泥区。沉淀池排泥方式有斗形底排泥、穿孔管排泥及机械排泥等。若采用斗形底或穿孔管排泥，则需存泥区，但目前平流式沉淀池基本上均采用机械排泥装置。故设计中往往不考虑存泥区，池底水平但略有坡度以便放空。

4.14　斜管沉淀池的结构、原理及特点是什么？

（1）结构形式。斜管沉淀池是在平流沉淀池的基础上发展起来的新型沉淀池，其主要的结构是在沉淀区增设斜管。组装形式有斜管和支管两种。在平流式或竖流式沉淀池的沉淀区内利用倾斜的平行管或平行管道（有时可利用蜂窝填料）分割成一系列浅层沉淀层，从而进行沉降和沉淀。这是利用了浅层原理。

（2）沉淀原理。设斜管沉淀池池长为 L，池中水平流速为 V，颗粒沉速为 u_0，在理想状态下，$L/H=V/u_0$。可见 L 与 V 值不变时，池身越浅，可被去除的悬浮物颗粒越小。若用水平隔板，将 H 分成 3 层，每层层深为 $H/3$，在 u_0 与 v 不变的条件下，只需 $L/3$，就可以将 u_0 的颗粒去除，即总容积可减少到原来的 1/3。如果池长不变，由于池深为 $H/3$，则水平流速可增加 $3v$，仍能将沉速为 u_0 的颗粒除去，即处理能力提高 3 倍。同理将沉淀池分成 n

层就可以把处理能力提高 n 倍了。

（3）特点：

1）利用了层流原理，提高了沉淀池的处理能力。

2）缩短了颗粒沉降距离，从而缩短了沉淀时间。

3）增加了沉淀池的沉淀面积，从而提高了处理效率。

这种类型沉淀池的过流率可达 $36m^3/(m^2 \cdot h)$，比一般沉淀池的处理能力高出 7~10 倍，是一种新型高效沉淀设备。并已定型用于生产实践。其优点：去除率高，停留时间短，占地面积小。

4.15 澄清池的原理和类型如何？

水和废水的混凝处理工艺包括水和药剂的混合、反应及絮凝体与水的分离三个阶段。澄清池是完成上述三个过程与一体的专门设备。

澄清池中起到截留分离杂质颗粒作用的介质是呈悬浮状的泥渣。在澄清池中，沉泥被提升起来并使之处于均匀分布的悬浮状态，在池中形成高浓度的稳定活性泥渣层，该层悬浮物浓度为 3～10g/L。原水在澄清池中由下向上流动，泥渣层由于重力作用可在上升水流中处于动态平衡状态。当原水通过泥渣悬浮层时，利用接触絮凝原理，原水中的悬浮物便被泥渣悬浮层阻留下来，使水获得澄清。清水在澄清池上部被收集。

澄清池形式很多，基本上可分为两大类：

（1）泥渣悬浮型澄清池。泥渣悬浮型澄清池又称为泥渣过滤型澄清池。它的工作情况是加药后的原水由下而上通过悬浮状态的泥渣层时，使水中脱稳杂质与高浓度的泥渣颗粒碰撞凝聚并被泥渣层拦截下来。这种作用类似过滤作用。常用的泥渣悬浮型澄清池有悬浮澄清池和脉冲澄清池两种。

（2）泥渣循环型澄清池。为了充分发挥泥渣接触絮凝作用，可使泥渣在池内循环流动。回流量约为设计流量的 3~5 倍。泥渣循环可借机械抽升或水力抽升造成。前者称机械搅拌澄清池，后者称水力循环澄清池。

4.16 过滤的机理是什么？

在常规水处理过程中，过滤一般是指以石英砂等粒状滤料层截留水中悬浮杂质，从而使水获得澄清的工艺过程。滤池通常置于沉淀池或澄清池之后。其机理有机械筛滤作用（阻力截留）、沉淀作用、接触黏附。

（1）机械筛滤作用（阻力截留）。将滤料层看作"筛子"，当原水自上而下流过滤料层时，粒径较大的悬浮颗粒（大于孔隙尺寸）首先被截留在表层滤料的空隙中，从而使此层滤料间的空隙越来越小，截污能力随之变得越来越高，结果逐渐形成一层主要由被截留的固体颗粒构成的滤膜，并由它起主要的过滤作用。

（2）沉淀作用。原水通过滤料层时，众多的滤料表面提供了巨大的不受水力冲刷而可供悬浮物沉降的有效面积，类似于层层叠叠的一个多层"沉淀池"，悬浮物极易在此沉降下来。

（3）接触黏附。接触黏附是过滤的主要机理，主要有迁移和黏附两个过程。

1）颗粒迁移。由拦截、沉淀、惯性、扩散和水动力作用等引起。

拦截：当颗粒尺寸较大时，流线中的颗粒会直接碰到滤料表面产生拦截作用。

沉淀：颗粒的速度较大时会在重力的作用下脱离流线，产生沉淀作用。

惯性：颗粒具有较大惯性时也可以脱离流线与滤料表面接触。

扩散：颗粒较小时，布朗运动较剧烈时会扩散至滤料表面。

水动力作用：在滤料表面附近存在速度梯度，非球体颗粒由于在速度梯度作用下，会产生转动而脱离流线与颗粒相接触。

2）颗粒黏附。黏附作用是一种物理化学作用。当水中杂质颗粒迁移到滤料表面上时，则在范德华引力和静电力相互作用下，以及某些化学键和某些特殊的化学吸附力下，被黏附于滤料颗粒表面上，或者黏附在滤粒表面上原先黏附的颗粒上。

在实际过滤过程中，上述三种机理往往同时起作用，只是依条件不同而有主次之分。对粒径较大的悬浮颗粒，以阻力截留为主，由于这一过程主要发生在滤料表层，通常称为表面过滤。对于细微悬浮物，以发生在滤料深层的重力沉降和接触黏附为主，称为深层过滤。

4.17　过滤介质的分类和滤料组成如何？

（1）过滤的介质有如下几类：

1）织物介质又称滤布，包括天然和合成纤维、玻璃丝、金属丝制成的织物。其特点有介质薄、阻力小、清洗方便、价格便宜，是工业上应用最广泛的过滤介质。

2）多孔性介质如素烧陶瓷、烧结金属等。其特点有介质较厚、孔道细、阻力大。

3）堆积介质有固体颗粒（砂、木炭等）或非编织的纤维。

4）多孔膜由高分子材料组成。其特点有膜很薄、孔很小。

（2）滤料组成。为了改变上细下粗的滤层中杂质分布严重的不均匀现象，提高滤层含污能力，便出现了双层滤料滤池、三层和多层滤料滤池、 均质滤料滤池等几种类型。

1）双层滤料滤池：上层采用密度较小、粒径较大的轻质滤料（无烟煤），下层采用密度较大、粒径较小的重质滤料（石英砂）。

2）三层和多层滤料滤池：上层采用密度较小、粒径较大的轻质滤料（无烟煤），中层采用中等密度、中等粒径的滤料（石英砂），下层为密度较大、粒径较小的重质滤料（石榴石）。

3）均质滤料滤池：并非指滤料粒径完全相同，滤料粒径仍存在一定程度上的差别，而是指沿整个滤层深度方向的任意断面，滤料组成和平均粒径完全一样，也就是不存在水力分级现象，这就要求在反冲洗时不发生膨胀。

4.18　滤池承托层的作用及组成设置如何？

承托层的作用，主要是防止滤料从配水系统中流失，同时对均布冲洗水也有一定作用。单层或双层滤料滤池采用大阻力配水系统时，承托层采用天然卵石或砾石，其粒径和厚度见表4.3。

表4.3　滤池大阻力配水系统承托层粒径和厚度

层次（自上而下）	粒径/mm	厚度/mm
1	2~4	100
2	4~8	100
3	8~16	100
4	16~32	100（本层顶面高度至少应高出配水系统孔眼）

三层滤料滤池，由于下层滤料粒径小而重度大，承托层必须与之相适应，即上层应采用重质矿石，以免反冲洗时承托层移动，见表4.4。

表 4.4　三层滤料滤池承托层材料、粒径与厚度

层次 （自上而下）	材料	粒径/mm	厚度/mm
1	重质矿石（如石榴石、磁铁矿等）	0.5~1.0	50
2	重质矿石（如石榴石、磁铁矿等）	1~2	50
3	重质矿石（如石榴石、磁铁矿等）	2~4	50
4	重质矿石（如石榴石、磁铁矿等）	4~8	50
5	砾石	8~16	100（本层顶面高度至少应高出配水系统孔眼）
6	砾石	16~32	

注　配水系统如用滤砖且孔径为 4mm 时，第 6 层可不设。

为了防止反冲洗时承托层移动，对单层和双层滤料滤池也有采用"粗—细—粗"的砾石分层方式。上层粗砾石用以防止中层细砾石在反冲洗过程中向上移动；中层细砾石用以防止砂滤料流失；下层粗砾石则用以支撑中层细砾石。这种分层方式亦可应用于三层滤料滤池。具体粒径级配和厚度，应根据配水系统类型和滤料级配确定。例如，设承托层共分 7 层，则第 1 层和第 7 层粒径相同，粒径最大。第 2 层和第 6 层、第 3 层和第 5 层，粒径也对应相等，但依次减小，而中间第 4 层粒径最小。这种级配分层方式，承托层总厚度不一定增加，而是将每层厚度适当减小。

如果采用小阻力配水系统，承托层可以不设，或者适当铺设一些粗砂或细砾石，视配水系统具体情况而定。

4.19　重力式无阀滤池的构造和工作原理如何？

无阀滤池的构造如图 4.7 所示，水流方向如图 4.7 中箭头所示。

过滤时的工作情况是：浑水经进水分配槽 1，由进水管 2 进入虹吸上升管 3，再经顶盖 4，下面的挡板 5 后，均匀地分布在滤料层 6 上，通过承托层 7、小阻力配水系统 8，进入底部配水区 9，滤后水从底部空间经连通渠（管）10，上升到冲洗水箱 11，当水箱水位达到出水渠 12 的溢流堰顶后，溢入渠内，最后流入清水池。

开始过滤时，虹吸上升管与冲洗水箱中的水位差 H_0 为过滤起始水头损失。随着过滤时间的延续，滤料层水头损失逐渐增加，虹吸上升管中水位相应逐渐升高。管内原存空气受到压缩，一部分空气将从虹吸下降管出口端穿过水封进入大气。当水位上升到虹吸辅助管 13 的管口时，水从辅助管

流下，依靠下降水流在管中形成的真空和水流的挟气作用，抽气管 14 不断将虹吸管中空气抽出，使虹吸管中真空度逐渐增大。其结果，虹吸上升管中水位升高。同时，虹吸下降管 15 将排水水封井中的水吸上至一定高度。当上升管中的水越过虹吸管顶端而下落时，管中真空度急剧增加，达到一定程度时，下落水流与下降管中上升水柱汇成一股冲出管口，把管中残留空气全部带走，形成连续虹吸水流。这时，由于滤层上部压力骤降，促使冲洗水箱内的水循着过滤时的相反方向进入虹吸管，滤料层因而受到反冲洗。冲洗废水由排水水封井 16 排出。

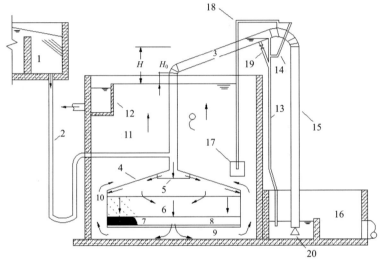

1—进水分配槽；2—进水管；3—虹吸上升管；4—伞形顶盖；5—挡板；
6—滤料层；7—承托层；8—配水系统；9—底部配水区；10—连通渠；
11—冲洗水箱；12—出水渠；13—虹吸辅助管；14—抽气管；15—虹吸下降管；
16—水封井；17—虹吸破坏斗；18—虹吸破坏管；19—强制冲洗管；
20—冲洗强度调节器

图 4.7　无阀滤池过滤过程

在冲洗过程中，水箱内水位逐渐下降。当水位下降到虹吸破坏斗 17 以下时，虹吸破坏管 18 把小斗中的水吸完。管口与大气相通，虹吸破坏，冲洗结束，过滤重新开始。

从过滤开始至虹吸上升管中水位升至辅助管口这段时间，为无阀滤池过滤周期。因为当水从辅助管向下流时，仅需数分钟便进入冲洗阶段。故辅助管口至冲洗水箱最高水位差即为期终允许水头损失值 H，一般采用 $H=1.5\sim2.0$m。

　　如果在滤层水头损失还未达到最大允许值而因某种原因（如出水水质不符要求）需要冲洗时，可进行人工强制冲洗。强制冲洗设备是在辅助管与抽气管相连接的三通上部，接一根压力水管 19，称强制冲洗管。打开强制冲洗管阀门，在抽气管与虹吸辅助管连接三通处的高速水流便产生强烈的抽气作用，使虹吸很快形成。

4.20　虹吸滤池的基本构造和工作原理如何？

　　虹吸滤池一般是由 6~8 格滤池组成一个整体，通称"一组滤池"或"一座滤池"。根据水量大小，水厂可建一组滤池或多组滤池。一组滤池平面形状可以是圆形、矩形或多边形，而以矩形为多。因为矩形滤池施工较方便，反冲洗水力条件也较圆形或多边形好，但为了便于说明虹吸滤池的基本构造和工作原理，现以圆形平面为例。图 4.8 为由 6 格滤池组成的、平面形状为圆形的一组滤池剖面图，中心部分为冲洗废水排水井，6 格滤池构成外环。

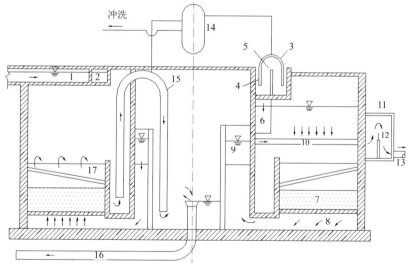

1—进水槽；2—配水槽；3—进水虹吸管；4—单格滤池进水槽；5—进水堰；6—布水管；
7—滤层；8—配水系统；9—集水槽；10—出水管；11—出水井；12—出水堰；13—清水管；
14—真空系统；15—冲洗虹吸管；16—冲洗排水管；17—冲洗排水槽

图 4.8　虹吸滤池的构造

　　（1）过滤过程。待滤水通过进水槽 1 进入环形配水槽 2，经进水虹吸管 3 流入单格滤池进水槽 4，再从进水堰 5 溢流进入布水管 6 进入滤池。进水堰 5 起调节单格滤池流量作用。进入滤池的水顺次通过滤层 7、配水系统

8 进入环形集水槽 9，再由出水管 10 流到出水井 11，最后经出水堰 12，清水管 13 流入清水池。

（2）反冲洗过程。反冲洗时，先破坏该格滤池进水虹吸管 3 的真空使该格滤池停止进水，滤池水位逐渐下降，滤速逐渐降低。当滤池内水位下降速度显著变慢时，利用真空系统 14 抽出冲洗虹吸管的空气使之形成虹吸。开始阶段，滤池内的剩余水通过冲洗虹吸管 15 抽入池中心下部，再由冲洗排水管 16 排出。当滤池水位低于集水槽 9 的水位时，反冲洗开始。当滤池内水面降至冲洗排水槽 17 顶端时，反冲洗强度达到最大值。此时，其他 5 格滤池的全部过滤水量，都通过集水槽 9 源源不断地供给被冲洗滤格。当滤料冲洗干净后，破坏冲洗虹吸管的真空，冲洗停止，然后再用真空系统使进水虹吸管 3 恢复工作，过滤重新开始。5 格滤池将轮流进行反冲洗。运行中应避免 2 格以上滤池同时冲洗。

4.21　V 形滤池的基本构造和工作原理如何？

V 形滤池因两侧（或一侧也可）进水槽设计成 V 形而得名。图 4.9 为一座 V 形滤池构造简图。通常一组滤池由数只滤池组成。每只滤池中间为双层中央渠道，将滤池分成左、右两池。渠道上层是排水渠 7 供冲洗排污用；下层是气、水分配渠 8，过滤时汇集滤后清水。冲洗时气、水分配渠 8 上部设有一排配气小孔 10，下部设有一排配水方孔 9，V 形槽底设有一排小孔 6，既可作过滤时进水用，冲洗时又可供横向扫洗布水用，这是 V 形滤池的一个特点。滤板上均匀布置长柄滤头，每平方米约布置 50~60 个。滤板下部是空间 11。

V 形滤池的主要特点如下：

（1）可采用较粗滤料及较厚滤层以增加过虑周期。由于反冲洗时滤层不膨胀，顾整个滤层在深度方向的粒径分布基本均匀，不发生水力分级现象，使滤料含污能力提高。（低膨胀率意味着单位体积中砂颗粒更多，这使得砂摩擦次数增多，摩擦多也就意味着冲洗时污泥更不易附着。大小阻力配水系统在冲洗时都是高膨胀率。）

（2）气水反冲再加始终存在的横向表面扫洗，冲洗效果好，冲洗水量大大减少。

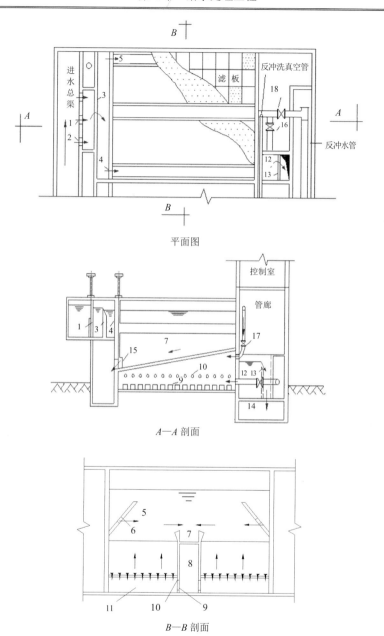

平面图

A—A 剖面

B—B 剖面

1—进水气动隔膜阀；2—方孔；3—堰口；4—侧孔；5—V 形槽；6—小孔；7—排水渠；
8—气、水分配渠；9—配水方孔；10—配水气孔；11—底部空间；12—水封井；13—出水堰；
14—清水渠；15—排水阀；16—清水阀；17—进气阀；18—冲洗水阀

图 4.9　V 形滤池构造简图

4.22 生活饮用水可采取哪些消毒方法？

水的消毒方法很多，包括氯及氯化物消毒、臭氧消毒、紫外线消毒及某些重金属离子消毒等。氯消毒经济有效，使用方便，应用历史最久也最为广泛。但自20世纪70年代发现受污染水原经氯消毒后往往会产生一些有害健康的副产物例如三卤甲烷等后，人们便重视了其他消毒剂或消毒方法的研究，例如，近年来人们对二氧化氯消毒日益重视，但不能就此认为氧消毒会被淘汰。一方面，对于不受有机物污染的水源或在消毒前通过前处理把形成氯消毒副产物的前期物（如腐殖酸和富里酸等）预先去除，氧消毒仍是安全、经济、有效的消毒方法；另一方面，除氯以外其他各种消毒剂的副产物以及残留于水中的消毒剂本身对人体健康无影响。

4.23 氯消毒法有什么优缺点？

作为传统消毒工艺的液氯消毒法早在20世纪初就被广泛地应用于各种水处理消毒。氯消毒的主要优点是：

（1）消毒发展历史长，相关消毒经验积累较多，是现行所有消毒工艺中最成熟的消毒方法。

（2）处理成本低廉，运行管理简单。

（3）水体投氯之后，过量的氯能转化为自由性余氯，从而保持持续消毒能力，以防管网内细菌的复活与滋生。

氯消毒最大的缺点为：①氯消毒会产生多种卤代有机副产物。三卤甲烷（THMs）和四氯化碳（CCl_4）被认为是氯化消毒过程中形成的两大主要副产物。水中的THMs对人类的健康会产生潜在的影响，并且已被证明为致癌物质。②氯气还是种剧毒气体，如在运行时氯气不慎泄露会导致腐蚀器械，污染大气，给附近人群带来危害。

4.24 臭氧消毒法有什么优缺点？

臭氧是强氧化剂，臭氧化和氯化一样，既有消毒又有氧化作用，经臭氧消毒后水中病毒可在瞬间失去活性，细菌和病原菌也会被消灭，游动的壳体幼虫在很短时间内也会被彻底消除。

臭氧作为消毒剂的历史也比较悠久，有一定研发及实践经验，也是比较成熟的工艺，根据目前的研究可以发现：

（1）臭氧消毒不但反应迅速，杀菌效果良好，同时还能有效地去除水中残留有机物、色、臭、味等。

（2）臭氧消毒可以降低水中总有机卤化物的浓度。

（3）臭氧能够有效降低消毒后水的致突变活性，减少水中 THMs 等卤代烷类消毒副产物的生成量。

虽然臭氧效率高，但也有缺点：①它在水中的溶解度极小，且易分解、稳定性差，故不能瓶装贮存和运输，也几乎没有残余消毒能力；②其消毒效果受温度、pH 值及细菌存在形态影响较大；③臭氧必须现场制备及使用，所以设备投资大，电耗大，成本较高，运行管理也比较复杂。

4.25　二氧化氯消毒法有什么优缺点？

二氧化氯消毒能力高于液氯，仅次于臭氧，也是一种强氧化剂，其氧化能力是氯的 25 倍，主要优点如下：

（1）二氧化氯具有广谱杀菌性，除对一般的细菌有灭杀作用外，对水中的病原微生物包括病毒、芽孢、真菌、致病菌及肉毒杆菌均有很高的灭活效果。

（2）并且还具有剩余消毒能力，二氧化氯对孢子和病毒的灭活作用均比氯有效。

（3）二氧化氯去除水中的色、臭、味的能力也较强，并且在高 pH 值与含氨的水中灭菌效果不受影响。

（4）二氧化氯的另一显著优点是，当水中反应进行完全时，它几乎不与水中的有机物作用而生成有害的卤代有机物，有机物副产物。

其缺点为：①当反应不完全时，所剩余自由性余氯同样会与有机物反应，会生成一定量 THMs；②由于亚氯酸钠无法存贮，只能现场制取并且及时使用，亚氯酸钠售价高昂，运行成本费用相应较高；③二氧化氯投入水中后，会有部分（50%～70%）转变为 ClO^{2-} 和 ClO^{3-} 离子，很多实验表明 ClO^{2-} 和 ClO^{3-} 对红细胞有损害，对碘的吸收代谢有干扰，可引起高铁血红蛋白血症，还会使血液胆固醇升高。

4.26 氯胺消毒法有什么优缺点？

氯胺消毒比氯消毒有以下三个优点：

（1）消毒持续时间长，对于消毒后水中残余细菌繁殖有良好抑制作用。

（2）能够有效避免游离性余氯过高时附带所产生的臭味。

（3）由于氯与胺发生反应，对于减少消毒副产物 THMs 的生成有一定作用。

氯胺消毒一般是先向待消毒水中加氨，经充分混合之后再投加氯。这样的操作能避免产生大量的 THMs。如果加氯很久后才加氨，自由性余氯则会成为主要消毒剂，而氯胺仅为辅助消毒剂，不可取。

其缺点为：①单纯的氯胺杀菌效果非常不理想，故一般情况下饮用水的消毒剂不能只用氯胺；②消毒时需要提供较长的反应时间，且由于需先加氨再加氯从而增加操作的复杂程度。

4.27 紫外线消毒法有什么优缺点？

紫外线消毒的优点有：

（1）紫外线消毒技术最优势的地方在于它不向水体中投加任何化学物质，故不会产生任何有毒有害副产物，也不增加饮用水的 AOC 含量。

（2）具有迅速高效的杀菌效率，运行安全可靠。

（3）设备占地面积小，运行维护简单。

（4）能降低臭味和降解微量有机物。

（5）消毒效果受水温、pH 值影响小，如果用在出厂水消毒，小浊度对其影响并不大。虽然紫外线消毒工艺具有其他消毒工艺所无法比拟的优势，克服了现有传统消毒技术的诸多缺点。

但其仍存在缺点：①与臭氧一样，消毒持续能力低下；②紫外灯管的寿命较短。

4.28 饮用水除氟有哪些方法？

我国饮用水除氟方法中，应用最多的是吸附过滤法。作为滤料的吸附剂主要是活性氧化铝，其次是骨炭，是由兽骨燃烧去掉有机质的产品，主要成分是磷酸三钙和炭，因此骨炭过滤称为磷酸三钙吸附过滤法。这种方法是利用不同吸附剂的吸附和离子交换作用，是除氟的比较经济有效方法。其他还有混凝、电渗析等除氟方法，但应用较少。

4.29　地下水除铁锰的原理是什么？

地下水除铁锰原理是氧化还原反应过程。采用锰砂或锈砂（石英砂表面覆盖铁质氧化物）除铁锰，实际上是一种催化氧化过程。去除地下水中的铁锰，一般都利用同一原理，即将溶解状态的铁锰氧化成为不溶解的 Fe^{3+} 或 Mn^{2+} 化合物，再经过滤即达到去除目的。

4.30　硬度的定义及去除硬度的方法是什么？

硬度是水质的一个重要指标。硬度盐类包括 Ca^{2+}、Mg^{2+}、Fe^{2+}、Mn^{2+}、Fe^{3+}、Al^{3+} 等易形成难溶盐类的金属阳离子。在一般天然水中，主要是 Ca^{2+} 和 Mg^{2+}，其他离子含量很少，所以通常以水中 Ca^{2+}、Mg^{2+} 的总含量称为水的总硬度 H_t。硬度又可区分为碳酸盐硬度 H_c 和非碳酸盐硬度 H_n，前者在煮沸时易沉淀析出，亦称为暂时硬度，而后者在煮沸时不沉淀析出，亦称为永久硬度。

软化的方法主要有以下两大类：

一类是基于溶度积原理，加入某些药剂，把水中 Ca^{2+}、Mg^{2+} 转变成难溶化合物使之沉淀析出，这一方法称为水的药剂软化法或沉淀软化法。

另一类是基于离子交换原理，利用某些离子交换剂所具有的阳离子（Na^+ 或 H^+）与水中 Ca^{2+}、Mg^{2+} 进行交换反应，达到软化的目的，称为水的离子交换软化法。

此外，还有基于电渗析原理，利用离子交换膜的选择透过性，在外加直流电场作用下，通过离子的迁移，在进行水的局部除盐的同时，使其软化。

4.31　除盐的方法及其应用情况如何？

海水（咸水）淡化的主要方法有蒸馏法、反渗透法、电渗析法和冷冻法等。在现有的海水淡化方法中，以多级闪蒸为代表的蒸馏法仍居主导地位；反渗透法近年发展迅速，具有广阔的应用前景；冷冻法则处于探索和研究阶段。据全球统计，多级闪蒸法占 62%，反渗透法占 31%，电渗析法占 3%，其他方法占 4%，海水淡化方法所耗的能量见表 4.5。

表 4.5　海水淡化方法的能耗

淡化方法	能耗/[(kW·h)/m³]
多级闪蒸法	30~37
反渗透法	8~14
电渗析法	8~16
冷冻法	28

离子交换法主要用于淡水除盐。该法可与电渗析或反渗透法联合使用。这种联合系统可用于水的深度除盐处理。

4.32　活性炭吸附法有哪些用途？

活性炭吸附是有效的去除水的臭味、天然和合成溶解有机物、微污染物质等的措施。大部分比较大的有机物分子、芳香族化合物、卤代烃等能牢固地吸附在活性炭表面上或孔隙中，并对腐殖质、合成有机物和低分子量有机物有明显的去除效果。

4.33　生物活性炭法及其特点是什么？

生物活性炭法是指由臭氧和活性炭吸附结合在一起的水处理方法。其特点是完成生物硝化作用，将 $NH_4\text{-}N$ 转化为 NO_3^-，将落解有机物进行生物氧化，可去除 mg/L 级浓度的溶解有机碳（DOC）和三卤甲烷前体物（THMFP），以及 ng/L 到 μg/L 级的有机物；此外，增加了水中的溶解氧，有利于好氧微生物的活动，促使活性炭部分再生，从而延长了再生周期。

4.34　水厂设计的步骤和要求如何？

水厂设计和其他工程设计一样，一般分两阶段进行：扩大初步设计（简称扩初设计）和施工设计。对于大型的或复杂的工程，在扩初设计之前，往往还需要进行工程可行性研究或所需特定的试验研究。

可行性研究是提出工程建设的科学依据，主要内容包括：①城市概况和供水现状分析；②工程目标；③工程方案和评价；④投资估算和资金筹措；⑤工程效益分析等。同时还应提供环境影响评价以及可能出现的问题等。可行性研究经有关专家评估并获得主管部门批准后，方可进行下一步工作——初步设计。

以上所提可行性研究内容仅就一般情况而言，不同工程项目，研究内容和要求也往往不同。大型工程或复杂工程，所涉及问题可能很多，每一个问题（当然不是细节问题）均需在可行性研究中得到解答。简单的小型工程，可行性研究比较简单，甚至可直接进行扩初设计。

扩初设计是在可行性研究基础上进行的，内容和要求比可行性研究更具体一些。在扩初设计阶段，首先要进一步分析调查和核实已有资料。所需主要资料包括：地形、地质、水文、水质、地震、气、编制工程概算所需资料、设备、管配件的价格和施工定额、材料、设备供应状况、供电状况、交通运输状况、水厂排污问题等。需要时，还应参观了解类似水厂的设计、施工和运行经验。在此基础上，可提出几种设计方案进行技术经济比较。这里所提的方案比较是在可行性研究所提大方案下的具体方案比较。最后确定水厂位置、工艺流程、处理构筑物型式和初步尺寸以及其他生产和辅助设施等，并初步确定水厂总平面布置和高程布置。在水厂设计中，通常还包括取水工程设计。因此，水源选择、取水构筑物位置和型式的选择以及输水管线等，都需经过设计方案比较予以确定。扩初设计的最后成果一般包括设计说明书一份和若干附图等。设计说明书的主要内容一般包括工程项目和设计要求概述、方案比较情况、各构筑物及建筑物的形式、尺寸和结构形式、工程概算、主要材料（钢筋、水泥、木材等）、管道及设备（水泵、电动机、真空泵、大型阀门、起重设备、运输车辆、电器设备等）等规格、尺寸和数量、工程进度要求、人员编制以及设计上存在的问题等。有关设计资料也应附在说明书内。附图数量应按工程具体情况决定，但至少应包括取水工程布置图、流程图、水厂总平面布置图、电气设计系统图及主要处理构筑物简图等。

扩初设计经审批后，方可进行施工图设计，设计全部完成后，应向施工单位作施工交底，介绍设计意图和提出施工要求。在施工过程中如需作某些修改，应由设计者负责修改。施工完毕并通过验收后，设计者可配合建设单位有关人员进行水厂调试。

4.35 水厂设计有哪些主要原则？

水厂设计主要有以下五个原则：

（1）水处理构筑物的生产能力，应以最高日供水量加水厂自用水量进行设计，并以原水水质最不利情况进行校核。

水厂自用水量主要用于滤池冲洗及沉淀池或澄清池排泥等方面。自用水量取决于所采用的处理方法、构筑物类型及原水水质等因素。城镇水厂自用水量一般采用供水量的 5%~10%，必要时应通过计算确定。

（2）水厂应按近期设计，考虑远期发展。根据使用要求和技术经济合理性等因素，对近期工程亦可作分期建造的安排。对于扩建、改建工程，应从实际出发，充分发挥原有设施的效能，并应考虑与原有构筑物的合理配合。

（3）水厂设计中应考虑各构筑物或设备进行检修、清洗及部分停止工作时，仍能满足用水要求。例如，主要设备（如水泵机组）应有备用量。城镇水厂内处理构筑物一般虽不设备用量，但通过适当的技术措施，可在设计允许范围内提高运行负荷。

（4）水厂自动化程度，应本着提高供水水质和供水可靠性，降低能耗、药耗，提高科学管理水平和增加经济效益的原则，根据实际生产要求，技术经济合理性和设备供应情况，妥善确定。

（5）设计中必须遵守设计规范的规定。如果采用现行规范中尚未列入的新技术、新工艺、新设备和新材料，则必须通过科学论证，确证行之有效，方可付诸工程实际。但对于确实行之有效、经济效益高、技术先进的新工艺、新设备和新材料，应积极采用，不必受现行设计规范的约束。

4.36 给水处理工艺流程和处理构筑物如何选择？

给水处理方法和工艺流程的选择，应根据原水水质及设计生产能力等因素。通过调查研究、必要的试验并参考相似条件下处理构筑物的运行经验，经技术经济比较后确定。

水处理构筑物类型的选择，应根据原水水质，处理后水质要求、水厂规模、水厂用地面积和地形条件等，通过技术经济比较确定。

4.37　水厂平面布置的内容和要求是什么？

水厂平面布置主要内容有：各种构筑物和建筑物的平面定位；各种管道、阀门及管道配件的布置；排水管（渠）及警井布置；道路、围墙、绿化及供电线路的布置等。并应注意如下要求：

（1）布置紧凑，以减少水厂占地面积和连接管（渠）的长度，并便于操作管理。如沉淀池或澄清池应紧靠滤池，二级泵房尽量靠近清水池。但各构筑物之间应留出必要的施工和检修间距及管（渠）道位置。

（2）充分利用地形，力求挖填土方平衡以减少填、挖土方量和施工费用。例如沉淀池或澄清池应尽量布置在地势较高处，清水池尽量布置在地势较低处。

（3）各构筑物之间连接管（渠）应简单、短捷，尽量避免立体交叉，并考虑施工、检修方便。此外，有时也需设置必要的超越管道，以便某一构筑物停产检修时，为保证必须供应的水量采取应急措施。

（4）建筑物布置应注意朝向和风向。如加氯间和氯库应尽量设置在水厂主导风向的下风向；泵房及其他建筑物应尽量布置成南北向。

（5）有条件时（尤其大水厂）最好把生产区和生活区分开，尽量避免非生产人员在生产区通行和逗留。以确保生产安全。

（6）对分期建造的工程，既要考虑近期的完整性，又要考虑远期工程建成后整体布局的合理性，还应考虑分期施工方便。

第5章　供水水质分析监测

5.1　自来水公司通常做哪些项目水质检验？

自来水公司的水质化验中心按照国家标准对生活饮用水做 10 个项目的常规检测，分别是：浑浊度、色度、臭和味、肉眼可见物、耗氧量、氨氮、菌落总数、总大肠菌群、耐热大肠菌群、二氧化氯余量。

5.2　水质检测的关键环节是什么？

水质检测的关键环节包括：

（1）水源水的水质检测。水源水质是生活饮用水的来源，是饮用水水质的源头。在水的生产过程中，需要密切监测水源水质变化，及时、准确地把握水源水的水质特点，便于及时调整和顺利运作，也便于后续处理。水质良好的地下水取至地面，稍经消毒处理即可使用；然而，大多数地下水需经适当的处理，甚至需经特殊处理后才符合饮用水或工业用水的标准。究其原因：一是在形成过程中溶解了地层中矿物质，使某些元素在水中的溶解量超过了容许浓度；二是由人类活动引起的地下水污染，使铁、锰超过水质标准，而对人体造成危害。铁和锰是人体必需的微量元素，适量的铁和锰对人体无害；然而，如果过量摄入铁和锰超标的水质，则会引起慢性中毒，可能会导致一些地方性疾病。

（2）净水过程到配水控制。大部分的净水厂所采用的处理水工艺（混凝－沉淀－过滤－消毒）或者强化处理的工艺。加强净水厂的处理工艺管理以及控制是保证饮用水水质的重要手段。我国绝大部分水厂采用液氯消毒，处理中氯气投加根据原水、净化后的水质情况而定，当原水氨氮和有机物等污染物较多时，耗氯量会明显增加。夏季水温高，细菌、藻类和微生物繁殖快，增加氯气消耗，冬季氨氮等污染物较高增加氯气消耗。此外，pH、原水氧化物等也会影响耗氯量。这些因素的控制必须通过在线监测仪和检测人员的跟踪检测，通过对各项指标的检测分析来有效的指导生产。

（3）供水管网的水质检测。生活饮用水出厂后到用户使用是通过无数的供水管道来进行输送的。生活饮用水在连续、不间断的输送过程中，存在导致其受二次污染而影响水质的多种因素，诸如管道漏点抢修、管材质量问题、二次供水设施影响及用户违章用水直接造成的污染等。生活饮用水出厂后由供水管网输送的过程是不可逆的，生活饮用水是一种不可退换的商品。因此判断生活饮用水水质的好坏还必须对管网及管网末梢的各点水质进行取样分析。采样点的选择是依据供水人口计算和市政管网的分布状态，并根据实际情况做适当的调整。根据相关规定，每周一次管网取样、分析、检测，每月至少一次管网末梢采样监测，以保证生活饮用水水质。按要求实行月检、季检、年检送样。

5.3　国家标准对水源水、管网水和出厂水的检测如何要求？

水源水每日检测，项目有：菌落总数、总大肠菌群、浑浊度、色度、臭和味、耗氧量、氨氮、肉眼可见物、耐热大肠菌群，共计 9 项；

出厂水每日检测，项目有：菌落总数、总大肠菌群、余氯、浑浊度、色度、臭和味、耗氧量、肉眼可见物、耐热大肠菌群，共计 9 项。

管网水每月不少于两次检测，项目有：菌落总数、总大肠菌群、余氯、浑浊度、色度、臭和味、耗氧量，共 7 项。

5.4　水质监测点的设置如何要求？

按照国家《城市供水水质标准》（CJ/T 206—2005）规定：采样点的设置要有代表性，应分别设在水源取水口、水厂出水口和居民经常用水点及管网末梢。管网的水质检验采样点数，一般应按供水人口每 2 万人设置一个采样点计算。供水人口在 200 万人以下的、100 万人以上的，可酌量增减。

按照国家住房和城乡建设部关于《城市环境综合整治定量考核实施办法》通知（建设部建城字第 132 号）规定：取水点的设置每 2 万吃水人口（不含流动人口）设置一点。

5.5 《生活饮用水卫生标准》中的两虫是什么？对其有何规定？

《生活饮用水卫生标准》（GB 5749—2006）中的两虫是指贾第鞭毛虫和隐孢子虫，是水质非常规检测项目中的微生物指标。两虫是两种严重危害水质安全的致病性原生寄生虫，主要通过水和食物等传播疾病，人和动物感染两虫所患疾病分别称为贾第鞭毛虫病和隐孢子虫病。

国家《生活饮用水卫生标准》（GB 5749—2006）规定贾第鞭毛虫和隐孢子虫的限值均为小于 1 个/10L。

两虫的检测频率根据《城市供水水质标准》（CJ/T 206—2005）规定：以地表水为水源，每半年检测一次；以地下水为水源，每一年检测一次。

第6章 供水厂运营管理

6.1 运行工艺管理有哪些要求？

供水厂运行工艺管理有如下要求：

（1）运行人员清楚运行单池数量、运行负荷和原水水质情况。

（2）运行人员要掌握运行设备及备用设备的情况。各种阀门开关是否正常。阀门是否灵活，鼓风机、反冲洗泵是否能做到随时好用。能否立即进行反冲洗。如有故障应及时维护修理。

（3）每季度对滤池的池壁、集水槽、排水渠进行冲刷。防止在滤池中产生二次污染。

（4）每季度检查过滤及反冲洗后滤层表面是否平坦，均匀，有无裂缝，以及池壁四周有无脱离池壁现象。

（5）每年用高锰酸钾对滤池池壁和集水槽浸泡 24 小时，并用水枪清洗池壁。

（6）停运滤池要定期换水和反冲洗，防止滤料板结和藻类、微生物繁殖。投入运行前应进行反冲洗再投入运行。

（7）停运沉淀池定期换水及用高浓度氧化剂浸泡，防止斜板老化及微生物污染。

（8）合理调整运行负荷，减少进水流量的调整幅度及次数。

（9）由于季节的不同原水水质特点不同，如水温、水的黏度、藻类数量等变化也很大。应根据水质特点适当调整运行负荷。确定最佳沉淀池、滤池负荷。

（10）确定最佳取水时间。

6.2 取水口防护措施有哪些？

由于湖库型水体中，藻类群落在整个水体中的垂直分布存在差异。因此通过对原水取水口采取技术和保护措施，最大限度减少取水中的藻类细胞数目，从而减轻水厂处理工艺的负担。

取水口防护措施如下：

（1）划定区域在保护区域内禁止钓鱼、旅游等一切活动。

（2）在保护区内设置浮岛拦截表层水中藻类及吸收降解水中有机物。

（3）挖深引水渠道以减少表层水的取水量。

（4）在保护区内设置暴气增氧机以抑制藻类在保护区内增长及降低保护区内水中含氧量以减少超饱和含氧对混凝的影响。

（5）水中产生异味的主要物质是土臭素和二甲基异冰片，它们的分子量在 1000 左右属于半挥发性物质。从自来水的生产过程来看，产生臭味的物质来源于三个过程：一是原水中本身含有某些产生臭味的物质；二是原水经过水厂进行处理时，在处理过程中，投加的药剂以及同原水物质所反应后的物质带来的异臭和异味；三是处理后的水在经过配水系统输送到用户过程中，在管网系统中引入的杂质产生的臭味。从我国饮用水供水的实际情况来看，产生臭味的物质主要来源于前两个过程。当在水源地出现臭味时，在取水口安装增氧机进行扬水暴气，促使臭味物质的挥发，减轻后续处理工艺负担。

6.3　沉淀池管理需要注意什么？

沉淀池在运行管理要注意以下几方面的内容：

（1）斜板沉淀池的沉淀效率高，水在斜板中的停留时间只有 4～5 分钟，因此对进水量和水质的瞬时变化比较难适应。进水一有变化，立刻会影响出水水质，几乎无缓冲余地。因此，采用斜板沉淀池应特别重视絮凝环节，絮凝效果好，出厂水质才能有保证。

（2）在斜板沉淀池的清水区中，水的透明度高，又受到阳光照射，斜板容易生长藻类，藻类滋长不会严重影响斜板沉淀池的运行，但对水中微生物和有机物有较大影响。应采取预氧化或避光等措施。

（3）斜板沉淀池的清水区有时会翻浑，主要是斜板内积泥，斜板壁上大块污泥突然滑落而被水流带出造成的。为了排泥通畅应变换斜板角度，但在实际工作中不可行，不得以只能降低负荷，从水厂管理上降低负荷是不允许的（低负荷可造成沉淀池配水不均，存在短路问题）。

（4）定期用消毒剂浸泡、清洗反应池和沉淀池池壁，以及清理底部积泥，冲洗斜板，防止红虫的二次繁殖。

6.4 滤池常见故障和运行管理要求有哪些？

（1）常见故障：气阻、跑砂、漏砂、截污能力不足、水头损失增加、水生物繁殖结泥球等。

气阻：增高滤料层表面以上水深，调换表层滤料，增大滤料粒径，适当增加滤速，延长冲洗时间。

跑砂和漏砂：检查配水系统进行维修，适当调整冲洗。

截污能力不足和水头损失增加：提高沉淀效果，降低滤前水浊度，降低滤速，增大冲洗强度，延长冲洗时间。

水生物繁殖结泥球等：清刷池壁、排水槽，滤前加氯防止微生物繁殖，采用表面冲洗用漂粉精浸泡，更换表层滤料。

（2）运行管理要求：

1）根据滤池池壁和集水槽情况，定期用高浓度高锰酸钾溶液浸泡 24 小时，并用水枪清洗池壁（防止红虫在滤池二次繁殖）。

2）每年春秋两季调整气、水反冲洗强度和反冲时间。

3）根据水量及时调整滤池负荷，控制滤速尽量减少因滤速变化而对出水水质的冲击影响。

4）滤池反冲洗的时间应合理间格开，不能连续反冲洗以减少初滤水不合格对整体出水的影响。

5）滤池反冲洗后应停运 30 分钟，待池内滤料及水力条件稳定后投入运行，减少初滤水对出水的影响。

6）根据沉后水质情况及季节，合理控制滤池运行周期。不宜过长防止红虫繁殖及异味的产生。

7）根据实际情况可投加助滤剂，提高滤池浊度去除率。

8）滤池集水槽每年进行一次超平，防止因集水槽不平造成的反冲出水不均，从而造成滤池短路、结泥球等问题。

6.5 清水池如何管理？

清水池的作用是储存水厂处理后的水，与此同时二级泵站从清水池取水，按用户所要求的水量保障供给。但是在每一个小时里，清水池的进水量和取水量不会相等，原因是进水量取决于水厂的生产情况，而取水量取决于用户的用水情况。所以调度应充分发挥其作用，合理调整生产运行。

清水池的运行管理措施如下：

（1）清水池每年清洗一次或两次。

（2）通气孔必须有防蚊网。

（3）清水池水位每年校对一次。

（4）清水池进出阀门每半年开关一次并加油保养。

（5）清洗清水池时，严防因地下水位过高将清水池浮起。

6.6　供水设备的日常管理有哪些？

设备的日常维护是由设备的维修人员或操作人员负责。目前的发展趋势是由设备操作人员负责设备的日常维护，将设备操作人员培养成多技能工。对于自动化流水线设备来说，由于设备复杂，对设备的日常维护工作要求比较高，因此对设备操作人员的素质和能力的要求也比较高。设备维护工作基本上还是由专业的设备维护人员来完成的。操作员应会正确使用生产设备，同时对设备进行检查，润滑、清洁及紧固四方面的维护。下面四方面的工作是操作员在对设备进行检查时同时进行的。

（1）检查。操作员应对所管理的设备的运行状况、运行参数、润滑、振动、声音、温度、是否有异味等进行检查，以人的感官或利用简易检测仪表来进行设备检查。

（2）润滑。首先检查设备的润滑状况，润滑油脂的温度、压力、液面、润滑油有无变质，油路是否畅通等。定期化验使用中的润滑剂，给设备更换或补充润滑油脂。

（3）清洁。对设备及附属设备和周围环境进行清扫，保持其本来面目和光泽，不能留有死角。将生产现场的所有物品加以定置、定位，按照使用频率和目视化准则合理布置，摆放整齐。

（4）紧固。在检查中如果发现设备的非转动部位的紧固螺栓发生松动，要及时上紧固定。

6.7　城市供水电气设备的运行、巡检管理有哪些要求？

（1）变配电电气运行管理的要求如下：

1）人员的配备及培训：配电工作人员应当取得当地劳动部门颁发的电工上岗证。

2）高压室配置：绝缘用品、用具。

3）制度上墙。

4）安全配置：灭火器等。

5）值班人员名单上报调度室，配备专线电话。

（2）高压设备巡视注意事项：

1）不允许单独巡视高压设备，巡视高压时不得从事其他工作，不得移开或越过遮栏。

2）雷雨天巡视配备绝缘设备，不得靠近避雷针。

3）高压发生接地时，室内不得接近故障点 4m 以内，室外不得接近故障点 8m。

4）倒闸应进行定期检测与检修。

6.8　二氧化氯系统如何进行维护与保养？

（1）清洗发生器：发生器的清洗将进气口用胶皮堵死，将发生器注满水，浸泡 20 分钟，打开排污阀将水排净。如果原料杂质较多，可用氢氧化钠 5%溶液浸泡，确保发生器内部清洗干净管路畅通无阻。

（2）计量泵的维护：将进出口的单向阀拆下，清洗干净如小球损坏或底座破损（用放大镜观察），以免因单向阀不严造成计量不准。膜片每 8000 小时更换一次。

（3）清洗原料过滤器滤网及管线。

（4）清洗原料罐可每一年进行一次。

6.9　阀门运行中如何维护？

（1）阀门的清扫。阀门表面、阀杆和阀杆螺母上的梯形螺纹、阀杆螺母与支架滑动部位以及齿轮、蜗轮蜗杆等部件，容易沾积许多灰尘、油污以及介质残渍等赃物，对阀门会产生磨损和腐蚀，因此经常保持阀门外部和活动部位的清洁；保护阀门油漆的完整，显然是十分重要的。阀门上的灰尘适于毛刷拂扫和压缩空气吹扫；梯形螺纹和齿间的赃物适于抹布擦洗；阀门上的油污和介质残渍适于蒸汽吹扫，甚至用铜丝刷刷洗，直至加工面、配合面显出金属光泽，油漆面显出油漆本色为止。疏水阀应有专人负责，每班至少检查一次，定期打开冲洗阀和疏水阀底的堵头进行冲洗，或定期拆卸冲洗，以免赃物堵塞阀门。

（2）阀门的润滑。阀门梯形螺纹、阀杆螺母与支架滑动部位、轴承部位、齿轮和蜗轮、蜗杆的啮合部位以及其他配合活动部位，都需要良好的润滑条件，减少相互间的摩擦，避免相互磨损。有的部位专门设有油杯或油嘴，若在运行中损坏或丢失，应修复配齐，油路要疏通。润滑部位应按具体情况定期加油。经常开启的、温度高的阀门适于间隔一周或一个月加油一次；不经常开启、温度不高的阀门加油周期可长一些。润滑剂有机油、黄油、二硫化钼和石墨等。高温阀门不适于用机油、黄油，它们会因高温熔化而流失，而适于注入二硫化钼和抹石墨粉剂。裸露在外的需要润滑的部位，如梯形螺纹、齿轮等部位，若采用黄油等油脂，容易沾染灰尘，而采用二硫化钼和石墨粉润滑则不容易沾染灰尘，润滑效果比黄油好。石墨粉不容易直接涂抹，可用少许机油或水调和成膏使用。注油密封的旋塞阀应按照规定时间注油，否则容易磨损和泄漏。

（3）阀门的维护。运行中的阀门，各种阀件应齐全、完好。法兰和支架上的螺栓不可缺少，螺纹应完好无损，不允许有松动现象。手轮上的紧固螺母，如发现松动应及时拧紧，以免磨损连接处或丢失手轮和铭牌。手轮如有丢失，不允许用活扳手代替，应及时配齐。填料压盖不允许歪斜或无预紧间隙。对容易受到雨雪、灰尘、风沙等污染的环境中的阀门，其阀杆要安装保护罩。阀门上的标尺应保持完整、准确、清晰。阀门的铅封、盖帽、气动附件等应齐全完好。保温夹套应无凹陷、裂纹。不允许在运行中的阀门上敲打、站人或支承重物；特别是非金属阀门和铸铁阀门，更要禁止。

（4）阀门的活动。大口径阀门开关扭矩大，转数多，开关闸费时费力。在维修工人中，大多数不愿意动大闸，但是一发生破管由于大闸关不上，会造成很大损失。为此需要定期活动大闸：①DN 600mm 阀门以上每两年活动一次；②DN 300mm 阀门以上每三年活动一次；③DN 250mm 阀门以下可不活动。

闲置阀门的维护应与设备、管道一起进行，应做如下工作：

1）清理阀门。阀门内腔应吹扫清理干净，无残存物及水溶液，阀门外部应抹洗干净，无赃物、油污、灰尘。

2）配齐阀件。阀门缺件后，不能拆东拆西，应配齐阀件，为下一步使用良好创造条件，保证阀门处于完好状态。

3）防腐蚀处理。掏出填料函中的盘根，防止阀杆电化腐蚀；阀门密封面、阀杆、阀杆螺母、机加工表面等部位，视情况涂防锈剂、润滑脂；涂漆部位应涂刷防锈漆。

4）防护保护。防止硬物撞击，人为搬弄和拆卸，必要时，应对阀门活动部位进行固定，对阀门进行包装保护。

5）定期保养。闲置时间比较长的阀门，应定期检查，定期保养，防止阀门锈蚀和损坏。对于闲置时间过长的阀门，应与设备、装置、管道一起进行试压合格后，方可使用。

6.10　城市供水电气安全管理有何要求？

城市供水电气安全管理有如下要求：

（1）建立健全规章制度。合理规章制度是从人们长期生产总结出来的，是保证安全生产的有效措施。

（2）配备管理机构和管理人员。根据本部门电气专业人员的组成和素质以及本部门的用电特点和操作特点，建立相应的管理机构，并确定管理人员和管理方式。

（3）进行安全检查。电气安全检查应每季度进行一次，发现问题及时解决。

（4）加强安全教育。使工作人员懂得电的基本知识，认识安全用电重要性，掌握安全用电的基本方法。

（5）组织事故分析。通过事故分析，找到事故发生的原因，采取防范措施，同时能使工作人员受到教育，吸取教训。

（6）建立安全资料。安全技术资料是做好安全工作的重要依据，应该注意收集和保存，以便查对。

6.11　药剂管理主要有哪些内容？

关于药剂，主要须进行以下三方面的管理：

（1）储存量。药剂根据水厂的条件储存 60 天的药剂用量，药剂周转时要贯彻药剂以先进先出为原则，防止积压过期，合理投加使用药剂。盐酸储存 15 天用量，防止因氯化氢挥发影响其含量。氯酸钠 30 天用量，降低安全隐患及长时间储存板结。

（2）药剂的堆放：堆放高度根据工人操作条件一般为 2.0m，药剂之间要有适当的通道。

（3）药剂的检验：

1）药剂的进厂检验，经器材站送检合格后方可投入使用。值班人员应对入库药剂外观、内外标志、包装及衬垫等进行感官检验。值班人员进行药剂批次称重检验，从总数中抽出本批次的 1%（不小于 10 袋），验收不符合规定的不得入库，通知送货方另行处理。合格的签收入库，填写进库记录。

2）库房应保持阴凉、干燥、通风、避光。库存药剂应避免阳光直射、曝晒，远离热源、电源、火源，与库存药剂性质相抵的禁止同库储藏。

3）定期对库房净水药剂进行检查，检查易燃物是否清理，有无异常现象，检查所用药剂包装有无损坏，药剂有无受潮失效。

4）进行药剂样品与标准样的烧杯对比试验（溶解、混凝等）。

6.12 加药间的运行管理有哪些？

加药间一般设有混凝剂投加池、助凝剂投加池、液态储药池、加药投加泵、计量泵等，应进行如下几方面的管理。

（1）溶解混凝剂时机械搅拌 15 分钟确保充分溶解后静沉 30 分钟，方可提升置储药池。冬季药液配制浓度为 15%，夏季配制浓度为 20%。投加池的浓度不低于 1%～5%，防止因 pH 值大于 4.3 时三氧化二铝水解成氢氧化铝沉淀，降低药效。

（2）单池药剂的投加流量不低于工艺确定值，便于药剂投加量调整及使投药器处于正常工作状态，泵压为 0.2MPa 较为稳定。

（3）加药泵过滤器每季度清理一次。

（4）转子流量计每季度清理一次。

（5）储药池每年清理一次，投加池每半年清理一次，复配池每季度清理一次。

6.13　运行中成本管理有哪些内容？

成本是指城市供水及其配套管网在建设和运营过程中产生的各项费用的总和。由于企业性质不同，投资方式不同，处理规模和工艺不同，其成本各有差异，其主要成本包括：①主营业务成本；②管理费用；③财务费用；④税金。为方便比较和控制，通常把剔除折旧费、管理费用和财务费用的成本称为运行成本，主要包括：①直接工资与福利；②直接材料费；③电费；④维修费；⑤水资源费以及其他费用（办公费）。各项成本费用所占比例见表 6.1。

表 6.1　各项成本费用所占比例

成本费用	直接工资及福利	直接材料费	电费	维修费	水资源费	其他费用
所占比例	15%~25%	10%~15%	25%~40%	10%~30%	0.5%~3.0%	5%~12%

6.14　自来水生产运行成本控制有哪些措施？

自来水运行成本控制，就是对生产经营活动的所有过程，运用预算、计划、核算、考核、分析、评价的方法，对生产经营的耗费和支出实行科学的管理，实现节约、降低成本，提高经济效益。达到控制成本目标的要求为：

（1）建立健全成本管理体系，加强成本费用预算管理。依据同行业生产运行标准并结合自身实际，制定能耗、药耗、工资及费用定额，编制年度、季度、月度预算计划，通过预算指导控制成本费用支出。

（2）改进生产运行方式，提高设备效率，实现节能降耗。根据用户用水量、水压状况，在满足用户需求的条件下调整运行设备，使各段生产工序处于最佳运行状态，对于大功率设备如水泵要调整好运行参数，包括流量、电流、电压等处于合理、适量水平，提高运行效率和稳定性，最大限度地降低能耗。

（3）采用节电技术，有效降低电费开支。对大功率设备水泵，可采用变频控制技术，按工况要求调节，使设备处于高效运行状态，或者更换新型的节能电机和水泵。

（4）加强设备综合管理，降低设备维修费用。建立设备综合管理机构和设备台账，按设备使用要求和运行状况制定保修计划，定期进行保养和维护，延长设备使用周期。加强设备巡检，发现问题及时处理。避免造成大的设备故障。

（5）采用新工艺、新技术降低材料成本。自来水生产过程中，各种材料的消耗在运行成本占有比较大的比重，是成本日常管理的重点，在保证用户需求的前提下，采用有利于节约的新工艺、新技术开展技术改造，降低材料消耗，以达到节约材料成本。

（6）增强成本意识，建立员工成本考核、绩效奖惩机制。组织成本意识，建立员工成本绩效考核，增强员工成本意识，建立员工成本考核、奖惩机制，对节约成本工作有突出贡献的员工，给予表扬和奖励，对浪费资源、材料的行为给予批评和惩罚。只有全体员工有了成本观念，才能自觉的在工作中注意节约，挖掘降低成本的潜力。

第7章 供水设备知识

7.1 城市管网中常用的阀门如何分类？常用阀门有哪几种?

1. 阀门分类

阀门可按以下几种方式分类：

（1）从结构分有闸阀、蝶阀、球阀、旋塞阀、角阀。

（2）从功能分有截止阀、流量控制阀、止回阀、安全阀、减压阀、排气阀。

（3）按丝杆形式分有明杆、暗杆两种。

（4）按驱动方式分有手动阀门、水力阀门、油压阀门、电动阀门、电磁阀门。

2. 常用阀门的结构和用途

（1）闸阀（多回转阀门）如图 7.1 所示，结构由阀体、闸板、密封件、启闭装置组成。其流通直径为 50~1000mm，最大工作压强为 2~4MPa。特点是全开时无阻碍，易泄漏。作用为用于开启或关闭管道内的介质。

图 7.1 闸阀

（2）蝶阀（90° 回转阀门）如图 7.2 所示，结构由阀体、内衬、蝶板、启闭机构组成。作用为用于开启或关闭管道内的介质，也可作调节用。其最大流通直径为2000mm。特点是运动方式为转动，最大转动角度90°。

优点是体积小，密封性好。缺点是阀门开启后，蝶板仍横在管道中心，产生阻力，同时杂质会在蝶板上缠绕。

图 7.2 蝶阀

（3）球阀（90°回转阀门）如图 7.3 所示。特点是阀心为一球形，中心有一与其通经相同的通孔。作用为用于开启或关闭管道内的介质，也可作调节用。

优点是密封性能好，开关迅速、方便（只要阀杆转动 90°），流体阻力小。缺点是通径一般较小，小于400mm。

图 7.3 球阀

（4）锥形泥阀。特点是启闭方式为上下平动。作用为用于沉淀池或曝气池池底排泥，调节流量。开度调节为 0.2%→80%（开度为提升高度或通径）。

（5）止回阀（逆止阀、单向阀）如图 7.4 所示，结构由阀体和装有弹簧的活瓣门组成，介质正向流动时活瓣门打开，逆向时关闭，启闭件靠介质流动的力量自行开启或关闭；以防止介质倒流的阀门称为止回阀。

其特点是流体单向导通，阻止介质倒流。作用为多台水泵（或风机）并联工作时，其中一台停止时，防止介质倒流；风机停运时，防止曝气池的水倒流至风机。止回阀属于自动阀类，主要用于介质单向流动的管路上，只允许介质向一个方向流动，以防止发生事故。

图 7.4　止回阀

7.2　蝶阀和闸阀的特点有何不同？

从结构特点上，在全部开启的情况下，闸阀过流面积可达到 100%，因此闸阀的流通能力比蝶阀好；同时由于结构特点不同，闸阀严密性比蝶阀好。从安装要求上，闸阀是竖式安装，蝶阀在现场尺寸允许情况下用卧式安装。从阀门的日常管理上，在供水管网中，$DN400mm$ 以下的闸阀所占比例较大，达到 90%，发生故障频率较高，蝶阀更换维修难度要比闸阀大。

7.3　供水常用管道球墨铸铁管、PE 管、PP-R 管、UPVC 管、钢塑管的特点各是什么？

1. 球墨铸铁管特点

（1）球墨铸铁管具有普通铸铁管一样良好的抗腐蚀性。

（2）具有良好的韧性，不断裂

（3）管道价格较高。

2. PE 管特点

（1）具有优异的物理性能。较好的柔韧性，不吸水，无毒无味，优良的电绝缘性和常温下良好的耐酸、碱、盐、有机溶剂，耐蠕变性能佳。

（2）长久的使用价值。寿命长，抗腐蚀，埋地管在 $-60℃$ 至 $60℃$ 温度范围内，安全使用 50 年以上。

（3）较大的输送流量。管壁平滑，能提高介质流速，增大流量，节省动力消耗。

（4）方便的施工性能。质量轻，易搬运，焊接工艺简单。

（5）卓越的抗应力开裂性。

3. PP-R 管特点

该管除了具有一般塑料管质量轻、耐腐蚀、不结垢、使用寿命长等特点外，还具有无毒、卫生、保温节能、较好的耐热性、使用寿命长、安装方便、连接可靠以及物质可回收利用。

4. UPVC 管特点

UPVC 管具有较高的抗冲击性能和耐化学性能。

5. 钢塑管特点

钢塑管又称衬塑复合钢管，保持原来的钢铁强度，提高了管内的防腐能力，有利于保证供水水质，衬塑管内壁平滑，减少对水的流动阻力，不积垢，延长管道寿命，减少维修费用。归纳起来有如下特点：

（1）超强防腐性能，耐酸、耐碱、耐高温、保温性能强。

（2）钢管表面采用环保型工艺，大大提高了耐腐蚀性能，生产过程中无任何污染。

（3）内衬黏结力强，永不脱落。采用外径大于钢管内径的塑料衬管，用特殊工艺进行内衬，解决了一般钢管内衬塑料管由于自然回缩力降低黏结力，从而导致内衬塑料从钢体剥离的弊病。

（4）永不跑漏。管件安装采用传统方式，通过注塑处理，安装时无需做防漏处理，解决了其他产品插接、热熔等连接方式轴向拉力低的弊病。

（5）具有钢管的低热胀冷缩系数和抗蠕变性，又具有超过塑料管的高强度。

（6）导热系数低，冬季使用热量散失少，夏季使用不易结露。

（7）内壁光洁，不结水垢，介质流动阻力低于钢管40%。

（8）材料可靠性高，在正常使用环境下使用寿命可达 50 年。

（9）形式多样，可根据不同需要加工不同形式的产品。

（10）与 PP-R 管相比，压力超强。

7.4　给水管道敷设的要求如何？

给水管道敷设要求如下：

（1）给水管道地埋埋深依地面负荷和土壤冰冻深度确定，与其他管道净距离为 1.0~1.5m，对水质有要求的生活、生产用水管道与有毒、腐蚀性管线间距离应为 2~3m。

（2）工业污水管道应远离并低于相邻管线。

（3）管道经过人行频繁、需通过大车的地方，管道外表面至地面高度为 2.5~4.0m。

（4）管道跨越公路或铁路，距地面净高度为 4.5~6.0m。

7.5　水处理常用泵的分类有哪些？其性能参数如何？

1．分类

水处理常用泵可分为三类。

（1）叶片泵：依靠叶轮的高速旋转完成能量转换。

离心泵：径向流，液体受离心力作用。

轴流泵：轴向流，液体受轴向升力作用。

混流泵：斜向流，受力二者兼有。

（2）容积泵：利用泵缸内容积变化来输送液体，此类有活（柱）塞泵、齿轮泵、隔膜泵、螺杆泵。

（3）其他类型泵有射流泵、水锤泵、水环式真空泵等。

2．主要性能参数

水泵的主要性能参数包括如下五项。

（1）流量 Q：叶片泵流量与扬程成反比，单位为 m^3/h，容积泵流量与扬程无关。

（2）扬程 H：单位为 mH_2O 或 Pa，允许吸上真空高度 H_s，随流量变化。

（3）转速 z：单位为 r/min。

（4）功率：有效功率 Ne 和轴功率 N。

（5）效率：$\eta = \dfrac{Ne}{N} \times 100\%$

7.6 离心泵工作原理与结构是什么？主要部件有哪些？性能曲线包括哪些？

1. 离心泵的工作原理与构造

（1）能量转换过程，电动机高速旋转的机械能转化为被提升液体的动能和势能。

（2）离心泵是靠离心力来工作的，启动前泵内充满液体是它的必要条件。

（3）泵扬程是指泵进口到泵出口的能量增值（静压、速度、几何位能等），不应简单地理解为液体输送能达到的高度。

（4）扬程是指吸水口到出水面的距离。

2. 离心泵的主要部件

（1）叶轮：形状、尺寸、材料（强度、耐磨、耐腐）。

（2）泵轴：与叶轮用键连接，有足够的抗扭强度和刚度。

（3）泵壳：蜗壳形，耐压容器。

（4）泵座：叶轮与泵轴的固定部件，设有充水、放气孔。

（5）轴封装置：轴与壳之间的密封装置（填料密封、机械密封）。

（6）减漏环：叶轮吸入口与泵壳内壁接缝处镶嵌的金属环，为易损件。

（7）轴承座：支撑轴。

（8）联轴器：电动机与水泵的连接器，"靠背"轮。

（9）轴向力平衡装置：单吸式离心泵的压力平衡装置。

3. 离心泵的性能曲线

Q-H 曲线：流量与总水头关系（下降）。

Q-N 曲线：流量与功率关系（上升）。

Q-η 曲线：流量与效率关系（有驼峰）。

水泵尽可能处在效率最高的工况点处，集水井吸水口液位过低时容易导致离心泵发生气蚀现象。

7.7　水泵在运行中，一般应注意哪些事项?

（1）检查各个仪表工作是否正常、稳定，特别注意电流表是否超过电动机额定电流，电流过大或过小都应立即停车检查。

（2）水泵流量是否正常，安装有流量计时应检查流量计所指的流量是否正常或根据电流表电流大小、出水管水流情况集水井水位的变化，来估计流量的情况。

（3）检查水泵填料压板是否发热，滴水是否正常。

（4）注意机组的响声、振动情况。

（5）注意轴承温升，一般不超过周围环境温度 35℃。

（6）检查电动机温升，如过高应停车检查。

（7）检查水泵、管道是否漏水。

第8章 供水行业主要政策法规及财税政策

8.1 我国的供水管理体制如何？

（1）按照我国政府规定，水利部和地方各级水行政主管部门统一管理水资源含空中水、地表水和地下水，组织拟定水长期供求计划、水量分配方案并监督实施，组织实施取水许可制度和水资源费征收制度。

（2）从江河引水、水库拦蓄等水源工程建设和水利工程供水包括直接供工业、农业用水及城市自来水公司用水均由水利部门负责，中央直属供水工程由水利部所属流域委员会管理，省、地、县属地方供水工程，分别由省、地、县水利部门管理。

（3）城市自来水公司供工业、市政及居民生活用水，目前大部分仍由城建部门管理，近几年城市供水管理体制正在进行改革，少数大、中城市如上海市、深圳市、包头市等及全国涉及 23 个省（自治区、直辖市）的约390 个地、县级城市已成立了水务局或由水利部门实施管理，即从水源工程到用水户统一由水务局负责。

（4）农村灌溉工程斗渠以上的属国家所有，按分级管理的原则，由各级水利部门负责管理，斗渠以下的灌溉工程属农村集体所有，由乡、村水利站或灌区协会管理。

（5）少数新建的供水工程，由于投资来源不同，采取股份合作的形式组建了股份合作制的供水管理单位。

8.2 目前我国现行涉及供水行业的政策法规有哪些？

目前我国现行的供水行业的政策法规见表 8.1。

表 8.1　现行的供水行业的政策法规

序号	法律法规	颁发部门及文号	施行时间	内 容 简 介
1	《中华人民共和国城市供水条例》	国务院（第158号令）	1994年10月1日	《中华人民共和国城市供水条例》总共七章共计三十九条，条款详细介绍了城市供水内容。对于城市供水水源、城市供水工程建设、城市供水经营、城市供水设施维护，以及违反条例所应受的处罚等都做了详细说明
2	《城市供水水质管理规定》	建设部（第156号令）	2007年5月1日	《城市供水水质管理规定》共三十三条，条款详细介绍了城市供水水质（含二次供水和深度净化处理水）的内容。对于城市供水水质监测体系、水质质量责任体、净水剂及制水相关材料、供水设备及管网、供水单位职责、水质监测数据上报、水质突变应急预案以及违反规定应受的处罚等作出了详细说明
3	《取水许可管理办法》	水利部（第34号令）	2008年4月9日	《取水许可管理办法》共七章五十一条，条款详细介绍了取水的申请和受理、取水许可的审查和决定、取水许可证发放和公告、取水管理以及违反本办法的处罚等都做了详细说明
4	《取水许可和水资源费征收管理条例》	国务院（第460号令）	2006年4月15日	《取水许可和水资源费征收管理条例》共七章五十八条，条款详细介绍了取水的申请和受理、取水许可的审查和决定、水资源费的征收和使用管理、监督管理、法律责任等都做了详细说明
5	《城市供水价格管理办法》	国家发展计划委员会、建设部	1998年9月23日	《城市供水价格管理办法》共六章三十六条，条款详细介绍了水价分类与构成、水价的制定、水价申报与审批、水价执行与监督等都做了详细说明
6	《水利工程供水价格管理办法》	国家发展计划委员会、建设部（第4号令）	2004年1月1日	《水利工程供水价格管理办法》共六章三十条，条款详细介绍了水价核定原则及办法、水价制度、管理权限、权利义务及法律责任等都做了详细说明
7	《水利工程供水定价成本监审办法（试行）》	国家发展计划委员会、建设部（发改价格（2006）310号）	2006年2月1日	《水利工程供水定价成本监审办法（试行）》共七条，条款详细介绍了成本监审原则、成本构成等都做了详细说明

8.3 城市供水水质监测体系的组成如何？

《城市供水水质管理规定》（建设部令第 156 号）对城市供水水质监测体系进行了详细的规定，具体如下：

城市供水水质监测体系由国家和地方两级城市供水水质监测网络组成。

（1）国家城市供水水质监测网，由建设部城市供水水质监测中心和直辖市、省会城市及计划单列市等经过国家质量技术监督部门资质认定的城市供水水质监测站（简称"国家站"）组成，业务上接受国务院建设主管部门指导。建设部城市供水水质监测中心为国家城市供水水质监测网中心站，承担国务院建设主管部门委托的有关工作。

（2）地方城市供水水质监测网（简称"地方网"），由设在直辖市、省会城市、计划单列市等的国家站和其他城市经过省级以上质量技术监督部门资质认定的城市供水水质监测站（简称"地方站"）组成，业务上接受所在地省、自治区建设主管部门或者直辖市人民政府城市供水主管部门指导。

（3）省、自治区建设主管部门和直辖市人民政府城市供水主管部门应当根据本行政区域的特点、水质检测机构的能力和水质监测任务的需要，确定地方网中心站。

8.4 供水行业要缴纳哪些税，税率为多少？

供水行业需缴的税种及税率见表 8.2。

表 8.2 供水行业缴纳的税种和税率

序 号	税 种	计税依据	税 率
1	增值税	应税收入	6%（自来水），13%（工业供水）
2	城市维护建设税	增值税税额	7%
3	企业所得税	应纳税所得额	25%
4	教育费附加	增值税税额	3%
5	地方教育费附加	增值税税额	3%
6	印花税	购销合同征税	购销金额的 0.003%

8.5　供水企业有无税收优惠政策？

（1）财政部、国家税务总局发布的《关于支持农村饮水安全工程建设运营税收政策的通知》（财税〔2012〕30 号）有关规定，向农村居民供水的饮水工程运营管理单位，依据向农村居民供水收入占总供水收入的比例免征增值税。

（2）为了减轻自来水行业因改制后增加的税收负担，国家税务总局于2002 年出台《关于自来水行业增值税政策问题的通知》（国税发〔2002〕56号），明确对新政策下：①一般纳税人选择按照简易办法依 6%征收率计算缴纳增值税时，不得抵扣进项税额；②在进项税额同样不能抵扣的情况下，小规模纳税人适用征收率仅为 3%。

8.6　城市自来水供水企业违反相关规定会有哪些处罚？

根据《城市供水条例》规定，城市自来水供水企业或者自建设施对外供水的企业违反相关规定将受到以下处罚：

城市自来水供水企业或者自建设施对外供水的企业有下列行为之一的，由城市供水行政主管部门责令改正，可以处以罚款；情节严重的，报经县级以上人民政府批准，可以责令停业整顿；对负有直接责任的主管人员和其他直接责任人员，其所在单位或者上级机关可以给予行政处分：

（1）供水水质、水压不符合国家规定标准的。

（2）擅自停止供水或者未履行停水通知义务的。

（3）未按规定检修供水设施或者在供水设施发生故障后未及时抢修的。

8.7　城市供水水质突发事件应急预案有哪些内容？

根据《城市供水水质管理规定》，对于城市供水水质突发事件，其应急预案应当包括以下内容：

（1）突发事件的应急管理工作机制。

（2）突发事件的监测与预警。

（3）突发事件信息的收集、分析、报告、通报制度。

（4）突发事件应急处理技术和监测机构及其任务。

（5）突发事件的分级和应急处理工作方案。

（6）突发事件预防与处理措施。

（7）应急供水设施、设备及其他物资和技术的储备与调度。

（8）突发事件应急处理专业队伍的建设和培训。

第9章　水资源综合信息管理

9.1　水资源管理信息化有没有必要？

水利信息化是水利现代化的基础和重要标志。把包括计算机技术、网络通信技术、微电子技术、遥感技术（RS）、地理信息系统（GIS）和全球定位系统（GPS）以及自动化技术的研究开发和应用作为"坚持用高新技术对水利行业进行技术改造"的六大总体目标之一。"金水工程"即水利信息化工程已被国家信息化领导小组列为国家优先建设的重点业务系统工程之一，并已开始建设。

面对水资源管理工作中出现的新问题，如何实现对水资源的节约保护及合理开发、可持续利用，实现环境、资源、社会可持续协调发展？只有实现由过去的粗放式传统管理向集约式现代化管理转变，而实现这一转变必须依托于现代化的科技手段，建立完善的水资源管理信息系统。

9.2　水资源信息管理系统的作用表现在哪些方面？

（1）丰富完善的水位、水质、水量、地质动态信息可为水资源综合规划、制订节约、保护、开发利用水资源的具体措施提供科学依据。

（2）结合水功能区划，对重点河、湖用水及排污的水量、水质监测信息，可为核定水域纳污能力，提出限制排污总量提出科学的意见；可及时对水环境质量进行动态评价和有效监督，应对水污染突发事件，保证水体安全。

（3）为建设项目水资源论证及取水许可管理提供科学依据；水资源信息的共享可更好地服务于企业，服务于经济建设，为建设服务型政府提供科学依据。

（4）雨情、雨量信息系统的建设可为水量的科学调度及防汛抗旱指挥提供科学依据。

（5）取水量的监测和采集信息可为水利规划规范征收提供基础性数据。

（6）水资源信息系统的建设过程，可促进企业、群众对节约、保护水资源意识的提高，为节水型社会建设起到无形的宣传推动作用。

9.3 水资源管理系统的技术要求是什么？

（1）以现代电子、信息、网络技术为基础，实现监测数据的自动采集、实时传输和在线分析，有效地提高监测数据的实时性和准确率，确保监测信息的有效性。

（2）充分掌握所在地区水资源供需状况，建立相应的资料库和水量、水质模型、供需水模型及生态环境分析模型。供水方面包括地表水、地下水、土壤水、主水、客水、污水回用等，需水方面包括生活用水、工业用水、农业用水、生态环境用水等。

（3）充分运用现代计算机和人工智能等技术进行高度技术集成，快速、高效、准确、客观地分析处理大量监测数据信息，并根据已建立的供需水模型和水环境分析模型等，动态生成水资源优化配置、调配计划等辅助决策方案。

（4）以综合分析和辅助决策为基础，实现对水资源的优化配置、远程控制和科学管理等，即实现水资源调控的现代化。

（5）系统应具有很强的实用性和动态可扩展性，以满足不同用户的需求。

9.4 水资源实时监控的特点是什么？

（1）对水资源进行实时监测。监测的内容包括水量和水质。实时监测的意义在于：只有掌握瞬时变化的水量信息，才能科学、准确地进行资源配置及调度；只有掌握瞬时变化的水质信息，才能对环境质量进行动态评价和有效监督，也才有可能应对水污染突发事件，保证供水安全。

（2）这种系统以地理信息系统（GIS）为框架，除了采集水资源信息外，还广泛采集流域或地区内的气象、墒情等自然信息，水利工程等基础设施信息，经济与社会发展的基本信息以及需水部门的需水信息。

（3）它不同于以往的水资源监测系统，仅仅具有监测功能。这种系统更重要的功能是进行实时配置调度。它是在监测的基础上，以大量的综合信息为基础，采用现代水资源管理数学模型，为水资源的实时配置、调度提供决策支持。这种模型势必突破"就水论水"局限，体现经济与社会发展—资源—环境的协调统一，体现水资源的可持续利用原则，体现"依法治水"的原则。

（4）这种系统应是高新技术的集成。系统的设置应充分吸收国际上最新技术，坚持高起点。它包括监测技术、通信、网络、数字化技术、遥感、地理信息系统（GIS）、全球定位系统（GPS）、计算机辅助决策支持系统、人工智能、远程控制等先进技术。

（5）它的设置应是因地制宜的。针对不同流域、不同地区不同的经济发展水平及基础设施状况，水资源管理中不同的重点问题，水资源实时监控管理系统的设置也应具有不同的特点。系统的设置还应与防洪调度指挥系统的建设相结合。

第10章　国内外供水技术发展及提标改造

10.1　我国饮用水水质标准与国外标准的主要区别有哪些？

目前，全世界具有国际权威性、代表性的饮用水水质标准有三部：世界卫生组织（WHO）的《饮用水水质准则》、欧盟（EC）的《饮用水水质指令》以及美国环保局（USEPA）的《饮用水水质标准》，其他国家或地区的饮用水标准大都以这三种标准为基础或重要参考来制订本国国家标准。

1. 新国标《生活饮用水卫生标准》（GB 5749—2006）与 WHO《饮用水水质准则》对比

2004 年世界卫生组织（WHO）发布了《饮用水水质准则》第 3 版（以下简称《饮用水水质准则》）。《饮用水水质准则》主要根据卫生学意义提出水质指标，依次分为细菌质量、对健康有影响的化学物质、常见的对健康影响不大的化学物质的浓度、放射性组分、能引起用户不满的物质。

（1）指标数量对比。GB 5749—2006 与 WHO《饮用水水质准则》指标数量对比如图 10.1 所示。

由图 10.1 可见，WHO《饮用水水质准则》指标数量比 GB 5749—2006更全面。WHO《饮用水水质准则》中的感官和一般化学物质指标、农药、消毒剂副产物指标数量都明显多于 GB 5749—2006。

（2）主要指标值对比。经统计，GB 5749—2006 与 WHO《饮用水水质准则》指标值相同的共有 62 个，GB 5749—2006 比 WHO《饮用水水质准则》指标值更严格的有 14 个，主要集中在无机物及部分有机物指标；GB 5749—2006 比 WHO《饮用水水质准则》指标值放宽的有 9 个，主要为有机物指标。间接反映我国水厂处理无机物技术水平及检测水平达到国际水平，而有机物处理技术水平及检测水平还有一定差距。GB 5749—2006 与世界卫生组织《饮用水水质准则》主要指标值对比如图 10.1 所示。

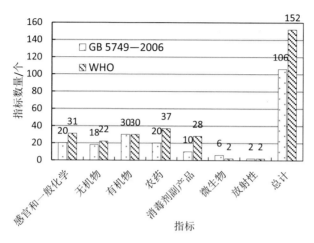

图 10.1　GB 5749—2006 与 WHO《饮用水水质准则》指标数量对比

表 10.1　饮用水中含有的能引起用户不满的主要物质对比表

指　标	WHO	GB 5749—2006	对比
物理参数			
色度/铂钴色度单位	15	15	相同
臭和味	—		
水温	—		
浊度/ NTUc	5	3	相同
无机组分			
铝/（mg/L）	0.2	0.2	相同
氨/（mg/L）	1.5	0.5	更严格
氯化物/（mg/L）	250	250	相同
铜/（mg/L）	1	1	相同
硬度（以 CaCO₃）/（mg/L）	—	450	
硫化氢/（mg/L）	0.05	0.02	更严格
铁/（mg/L）	0.3	0.3	相同
锰/（mg/L）	0.1	0.1	更严格
溶解氧	—		
pH 值	—	6.5~8.6	
钠/（mg/L）	200	200	相同
硫酸盐/（mg/L）	250	250	相同
总溶解固体/（mg/L）	1000	1000	相同
锌/（mg/L）	3	1	更严格

2. GB 5749—2006 与欧盟（EC）《饮用水水质指令》对比

EC 制定的饮用水水质标准称为《饮用水水质指令》1980 年发布。1995年欧共体对其进行了修订，于 1998 年底颁布实施新指令。最新指令将指标参数由 66 项进行了调整，总量减少至 48 项。其中感官和一般化学指标 15项，无机物指标 15 项，有机物指标 7 项，农药指标 2 项，消毒剂及其副产物 2 项，微生物指标 5 项，放射性指标 2 项。EC《饮用水水质指令》强调指标值的科学性和与 WHO《饮用水水质准则》中规定的一致性。

EC《饮用水水质指令》的主要特点是指标少，但严格。另外建立了一些综合性指标，如农药，农药的品种很多，且每年都会有增加。因此其使用了单一农药与农药总量两项指标。单一农药是指有机杀虫剂、有机除草剂等，限值为 0.1μg/L。农药总量是指所有能检测出和定量的单项农药的总和，限值为 0.5μg/L。

（1）指标数量对比。GB 5749—2006 与 EC《饮用水水质指令》指标数量对比如图 10.2 所示。

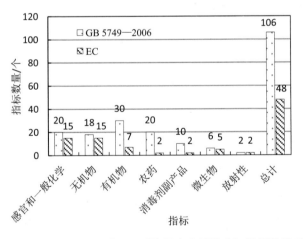

图 10.2　GB 5749—2006 与 EC《饮用水水质指令》指标数量对比

由图 10.2 可见 GB 5749—2006 指标数量是 EC《饮用水水质指令》指标数量的两倍多。其中主要体现在有机物、农药、消毒副产物等指标数量上，而无机物、微生物、放射性等指标数量相差不大。

（2）主要指标值对比。GB 5749—2006 与 EC《饮用水水质指令》指标值相同的共有 19 个，更严格的有 4 个，指标值放宽的有 8 个。

GB 5749—2006 中，丙烯酰胺、苯、1,2-二氯乙烷、环氧氯丙烷、四氯乙烯和三氯乙烯、三卤甲烷（总）、氯乙烯等有机物、铁、锰等指标值比欧盟饮用水指令中规定的指标值高；但氟化物、铜、硼等指标值比欧盟饮用水指令规定的要低。这表明我国仍在有机物的指标上落后于欧盟指标。这可能和我国现阶段对有机物的检测手段和水处理技术有一定的关系，现阶段的检测手段和仪器会抑制饮用水水质标准的发展。铁和锰的指标比欧盟指标要高，可能和中国的地质环境有关。我国饮用水标准中无机物标准指标大部分和欧盟指标相当，部分指标值要低于欧盟的指标值。这也说明我国在对无机物指标的测定和技术研究开发上不落后于欧盟国家。

GB 5749—2006 与 EC《饮用水水质指令》指标值对比见表 10.2。

表 10.2　GB 5749—2006 与 EC《饮用水水质指令》指标值对比表

		指　　标	GB 5749—2006	EC	对比
感官性状和一般化学指标	1	色度/铂钴色度单位	15	用户可以接受且无异常	
	2	浑浊度/NTU-散射浊度单位	1 水源与净水技术条件限制时为 3	用户可以接受且无异常	
	3	臭和味	无异臭、异味	用户可以接受且无异常	
	4	肉眼可见物	无		
	5	pH 值	不小于 6.5 且不大于 8.5	6.5~9.5	
	6	铝/（mg/L）	0.2	0.2	相同
	7	铁/（mg/L）	0.3	0.2	放宽
	8	锰/（mg/L）	0.1	0.05	放宽
	9	铜/（mg/L）	1.0	2.0	更严格
	10	锌/（mg/L）	1.0		
	11	氯化物/（mg/L）	250	250	相同
	12	硫酸盐/（mg/L）	250	250	相同
	13	溶解性总固体/（mg/L）	1000		
	14	总硬度（以 $CaCO_3$ 计）/（mg/L）	450		
	15	耗氧量（COD_{Mn} 法，以 O_2 计）/(mg/L)	3 水源限制，原水耗氧量大于 6mg/L 时为 5	5.0	相同

续表

		指　标	GB 5749—2006	EC	对比
感官性状和一般化学指标	16	挥发酚类（以苯酚计）/（mg/L）	0.002		
	17	阴离子合成洗涤剂/（mg/L）	0.3		
	18	电导率（20℃）/（μS/cm）		2500	
	19	TOC		无异常变化	
	20	氨氮（以 N 计）/（mg/L）	0.5	0.5	相同
	21	硫化物/（mg/L）	0.02		
	22	钠/（mg/L）	200	200	相同

3. GB 5749—2006 与 USEPA《饮用水水质标准》对比

美国饮用水水质标准由美国环境保护局（EPA）负责制定，美国最早 1914 年颁布了《公共卫生署饮用水水质标准》。1974 年美国国会通过了《安全饮用水法》以后，美国 EPA 于 1975 年首次发布具有强制性的《饮用水一级规程》，EPA 又于 1979 年发布了除了健康相关的标准以外的非强制的《饮用水二级规程》，并于 1986 年、1998 年、2004 年和 2006 年进行了修订。它的制订过程及其发展，基本上与人们对饮用水中污染物的认识和发展相一致。

饮用水标准根据《安全饮用水法》和《1986 年安全饮用水法修正条款》的要求，每隔三年就从最新的《重点污染目录》中选 25 种进行规则制定，每隔三年对以前发布的标准值进行审查，便于水质标准能及时吸收最新的科技成果。

（1）指标数量对比。GB 5749—2006 与 USEPA《饮用水水质标准》指标数量对比如图 10.3 所示。

GB 5749—2006 与 USEPA《饮用水水质标准》指标数量相当。

（2）指标值对比。虽然 GB 5749—2006 指标数量与 USEPA《饮用水水质标准》指标数量相当，但两者指标项目有较大不同（表 10.3）。

GB 5749—2006 与 USEPA《饮用水水质标准》指标值相同的有 17 项，更严格的有 18 项，放宽的有 19 项。其中更严格的 18 项指标主要集中在毒理指标，包括 10 项无机物和 7 项有机物；放宽的 19 项指标主要为有机毒理指标。

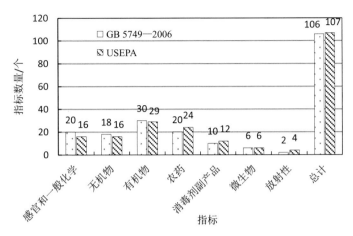

图 10.3　GB 5749—2006 与 USEPA《饮用水水质标准》指标数量对比

表 10.3　GB 5749—2006 与 USEPA《饮用水水质标准》指标值对比表

		指　　标	GB 5749—2006	USEPA	对比
感官性状和一般化学指标	1	色度/铂钴色度单位	15	15	相同
	2	浑浊度/NTU-散射浊度单位	1 水源与净水技术条件限制时为 3		
	3	臭和味	无异臭、异味	3	
	4	肉眼可见物	无		
	5	pH 值	不小于 6.5 且不大于 8.5	6.5~8.5	相同
	6	铝/（mg/L）	0.2	0.05~0.2	相同
	7	铁/（mg/L）	0.3	0.3	相同
	8	锰/（mg/L）	0.1	0.05	放宽
	9	铜/（mg/L）	1.0	1.3	更严格
	10	锌/（mg/L）	1.0	1.0	相同
	11	氯化物/（mg/L）	250	250	相同
	12	硫酸盐/（mg/L）	250	250	相同
	13	溶解性总固体/（mg/L）	1000	500	放宽
	14	总硬度（以 $CaCO_3$ 计）/（mg/L）	450		
	15	耗氧量（COD_{Mn} 法，以 O_2 计）/（mg/L）	3 水源限制，原水耗氧量大于 6mg/L 时为 5		

		指　标	GB 5749—2006	USEPA	对比
感官性状和一般化学指标	16	挥发酚类（以苯酚计）/（mg/L）	0.002		
	17	阴离子合成洗涤剂/（mg/L）	0.3		
	18	氨氮（以 N 计）/（mg/L）	0.5		
	19	硫化物/（mg/L）	0.02		
	20	钠/（mg/L）	200		

10.2　国外供水技术的发展历程及现状是怎样的？

1. 美国供水的发展

有记载的最早公用供水系统当属 1652 年的马萨诸塞州的波士顿城。在最早的年代，人们对建公用供水系统不屑一顾，因为其所提供的服务似乎还不如人们使用自家水井或蓄水池方便。水只要看上去干净，即晶莹、清澈、凉爽，且无怪异的味道或气味，便是"好水"，这样的水在后院的井里随时可取，大多数人断无想到伤寒痢疾霍乱和夏季一发疾病会因水而引起。而这水却频频取自离居家户外厕所不太远的井中。

直到 1875 年以后，科学知识才确凿地证实了水生细菌可导致伤寒和霍乱，而且直到 1900 年以后，公众才意识到使用不洁净水的危险——无论这水的外观及味道如何。令人遗憾的是，直到过滤技术得到普遍采用的 19 世纪和 20 世纪初，公用供水系统并不比私人用水更安全。在早期的公用供水系统中，人们通常的做法是直接从小溪或河流中取水，不做任何处理或稍加处理，然后将水用泵打到配水系统中。

1800 年，美国只有 16 个供水系统，其中大部分在最初建造时只是为了消防或涤尘，很少有人考虑生活用水。这些系统大多位于新英格兰，或分布于大西洋沿海地区的一些较大城市中。

直到 1850 年，居民区供水系统的数目已增至 83 个，在这些系统中，除了用沉淀池对浑浊度做一些基本控制外，没有一个配置其他的净化工艺。然而，1900 年前后的这一时期被称为公用供水的新时代，这主要是水处理工艺开始提供更优质的水和更方便的用户服务，而这正是私人供水设施，如水井和水池所不能比拟的，在 1880 年，仅有 600 个供水系统，可在 1897

年已出现了近 3350 个公用供水系统，其中 1400 个是在 1891—1897 年几年间建造的。

到了 1950 年，公用供水系统已趋于成熟。1950 年，美国城市供水系统已超过 17000 个，采用絮凝、快速过滤和加氯消毒方法的水处理工艺已将公用供水系统的作用从消防和涤尘的概念转变为价值达数百万美元的产业。

美国供水领域过去 200 年间的技术进步，在整个公用供水史上也许一直是最重要的。水传播疾病几近消失，较为廉价的饮用水供应充足，从而给该产业带来一个独特的问题——普通用户对公用供水系统视若当然，为提供更多更好的水需要新的科学研究和技术，这可能是十分昂贵的。

2. 日本供水业的基本情况

（1）管理体制。日本的供水形式分为集中供水和分散单户供水两种，集中供水占 96% 以上。国家对用水人口超过 100 人和一日最大给水量超过政令中规定的基准的自来水进行管理，包括生活用水和工业用水。自来水的管理体制大致可分为三级管理：最高是国家，其次是都、道、府、县，第三级是市、町、村。

（2）投资政策。日本《自来水法》规定，国家对自来水事业进行管理、扶助发展的目的是为大众提供清洁、丰富、廉价的自来水，提高公众卫生水平、改善生活环境，因此自来水是投资大、回收期长、不盈利或盈利极为有限的基础设施和公用事业。日本的自来水事业原则上由公共机关运营，民营化的做法也在探讨阶段。

（3）价格政策与计量。日本中央和地方只有税金关系，因此没有统一明确的水费制定政策，水价格是由地方政府按照保本的原则控制的。水费核算按照"清洁、丰富、廉价"的原则，一般由经营者对所有投入成本费用进行核算，由具有相应管理权限的政府议会等批准后执行。

（4）自来水厂的管理。

1）管理模式。自来水厂视其供水规模和供水范围的大小，可能有两种管理模式：一种是供水规模和范围较大，甚至跨行政区时，一般实行分级管理；另一种是供水规模和供水范围有限，水厂的管理，从水源到用户，从水的净化到水费计收，自成一个完整的系统，这种管理模式主要是专用自来水或者小型自来水工程。

2）水质管理。日本的水质管理范围广泛，涉及从水源到水龙头的诸多事项。管理的内容包括例行的水质检测、根据检测信息的评价与分析使用自来水设施以及变更净水处理条件等。根据厚生劳动省规定，日本水质检测项目共 178 项，其中基准项目 50 项，水质管理设定项目 27 项，农药类项目 101 项。如果某项指标确定无法达到标准，必须报请水质监督部门批准，否则将被责令停止供水甚至可能被起诉。

3）用户服务管理。日本自来水厂的服务管理做得非常细微。一方面每个用户可获得印刷精美的服务手册；简要介绍了水工艺；重点宣传了水价制定政策及其收缴办法；同时说明了自来水使用当中常见问题的形成原因及其简易处理方法等；公布了紧急情况处置报警电话，可随时拨打。另一方面自来水厂定期邀请居民或居民代表参观净水厂的生产工艺和过程，宣传和鼓励居民使用自来水。

3. 德国在提高供水水质方面采取的措施

国外发达国家，城市供水能力不足已不是问题了。因此它们主要是研究如何提高供水水质，为居民提供更加美味可口、安全卫生的饮用水，和更好地为市民服务，提高供水的安全程度。

德国特别重视供水水质工作，主要表现在：

（1）首先很重视水源保护工作，自发组成沿莱茵河边的水源保护协会。莱茵河 20 世纪 70 年代污染严重，通过水质污染情况公布，使各有关部门单位认识到，必须认真做好防治水污染工作的重要性，否则饮用水源就成问题。因此，从国家、地区、城市、直到各工矿企业都会受到严重损失，都有义务来建设水处理设施。20 多年来，投入近 400 亿马克建设污水处理设施。国家规定只有经过处理达标后，才能排入河道；号召大家都来做保护者；否则要从严处罚。

（2）为保证水质，就利用地下含水层的生物降解作用。在布伦茨市、科隆市、埃森市、法兰克福市的几个水厂，其经过净化工艺处理后的水，最后再回灌地下，经过地下含水层长达 50 天生物性的净化，是有机碳得到强烈的生物降解，生成二氧化碳，水中含有混浊物也就越少，对水重新致菌的危险就越少，所以其出厂水质相当好。

（3）为了水质，对配水管网的材质要求很高。德国上水管道大部采用球墨铸铁管。对小管径主张采用 PE 塑料管，进户管采用不锈钢管和 PE 管，埃森市水气股份公司介绍：德国规定上水管道不用 PVC 管，因该种材质含有毒性，故不主张采用。

10.3　我国供水工艺中预处理技术的发展及与国外技术的差距有哪些？

我国的预处理工艺主要是格栅隔除漂浮物；预氯投加，即在长距离输水管的起始点小剂量加氯；或在预沉池前投氯，以保证充分的消毒效果。粉末活性炭的投加多为季节性，当水质严重污染时，为了去除臭味和有机物而采用的临时性措施。由于我国生活水准所限，粉末活性炭投加对制水成本影响较大，故采用不多。如哈尔滨市自来水公司仅在松花江污染严重时，季节性投加。从投加粉末活性炭的效果看还是令人满意的。

我国当前在预处理方面与国外先进国家的主要差距在于原水调质和去除水中污染的有机物。从西方发达国家情况看，原水的调质已是普遍采用的水处理手段。如日本东京朝霞水厂取用利根川河水，年平均 pH 值为 7.1，最高为 7.3，最低为 6.8，当选用聚合氯化铝作混凝剂时，其最佳混凝 pH 值为 7~8；为了提高药效，使用氢氧化钠作调质剂调整 pH 值，其投加量为 1.7~3.0mg/L 间波动。当原水碱度不足而影响混凝剂药效时，必须投加碱来提高碱度，常用的碱剂有消石灰和碳酸钠，日本水道协会还制订了相应的计算公式 $W=[(A_2+KR)-A_1]F$（其中 W 为碱剂投加量；A_1 为原水碱度；A_2 为净水中剩余碱度；K 为投加 1mg/L 混凝剂药剂的碱度下降量；R 为混凝剂投加量；F 为提高 1mg/L 碱度所需投加碱剂的量）。日本札幌市白川水厂年平均投加消石灰 3.8mg/L；大阪市柴乌水厂消石灰最高投加量为 47mg/L。类似日本的调质方法和设备，在发达国家几乎属于必备。原水调质不存在技术问题，关键在于对调质必要性的认识。

对水中污染的有机物质的控制和去除是给水工程技术面临的重要课题。有机污染的根本控制在于搞好水体保护，不被有机物污染。那是环保工作者的任务。作为给水工程的技术人员的任务是将 THM 的影响降到最低程度，当前国际上采用的工作有两种：一种是改变消毒方式，在水处理过程中避免使用氯气。当经过常规处理使有机物降到安全界线以下后再加入少量氯以控制管网中细菌的复苏。另一种办法则是在预处理中将有机物去除，使常规水处理中草药 A mes 实验保持阴性，达到饮用安全目的。预处理去除有机物多采用预曝气和生物化学方法，即利用水中微生物的新陈代谢去除有机物、臭味、氨氮。

预曝气处理工艺由于水停留较短，所以去除率稍差，而生物滤池一般负荷较低，占用的面积较大，运行管理复杂，也不普及，现在日本研制生物过滤方面取得突破性进展，并已应用到生产中去。日本大津市膳所水厂1990年10月开始建设生物接触滤池，过滤介质采用数毫米孔径的多孔陶瓷质滤料，厚度1.5m。其原理是通过附着在滤料上的微生物膜，过滤原水中的污染物，并进行生物分解、净化原水，和其他生物化学处理方法相比，由于单位体积生物量增多而提高了净水效率，2-MIB的去除率达70%以上，氨氮去除率夏季为85%、冬季为60%。该滤池滤速为6.97m/h，共8个池子，单位面积37m²，日处理水量49500m³，具有慢滤池的过滤机理和快滤池的生产效率。由于滤料表面有合适的凹凸面，生物附着性良好，使用空气和水反冲洗时生物膜也不剥离。该滤池有4个方面的特点：①属生物自然净化方式，单位体积生物量多，能有效缩短处理水停留时间，设备规模小，是蜂窝式体积的1/5；②运行时不需要曝气和循环流，因此消耗电力少，运行成本低；③每周冲洗二三次即可，易于维护管理；④因臭味去除率高，可以得到较好的水质。由于该滤池是生产性构筑物，所以在应用上处于国际先进水平。

10.4 我国混凝技术的发展及与国外技术的差距如何？

（1）混合技术。理论上早已阐明混合是絮凝的基础，要求快速剧烈的混合，以促进混凝药剂扩散速度和压缩水中胶体的双电层，使胶体脱稳。但在实际工作中对混合长期未给予应有的重视。20世纪80年代中后期加强混合才成为给水界最强调的观点，因而也陆续出现了多种混合设备。有水力隔板混合、水泵混合、机械混合、混合池、槽等以及近几年应用于给水行业上的静态混合器。从混合设备形式上看，我国现有水平不逊于国外先进国家。由于混合设备对水力条件、输入能量、混合方式要求比较严格、设备、构造上的差异往往造成混合效果相差较大，单纯从理论计算上进行混合设计，往往和预先设想结果有较大偏差，因而影响混合效果。国外先进国家对混合设备都作严格的测试，以期取得最佳混合效果。例如美国混合设备的生产厂家对使用单位所需求的机械混合设备全部按1:1的比例，使用不同颜色的塑料珠进行混合测试，取得最佳使用效果后方进入施工。而我国对混合的测试手段和测试设备不足，直接影响混合器效果。美国这种作法是我国应当学习和效仿的，也是我们与先进国家的差距所在。

（2）絮凝反应。我们的反应设备总体上和国外水平差距不大，传统上的絮凝反应多采用隔板反应，是建立在"近壁紊流"理论基础上的。随着给水理论的深入研究和发展，从能量耗散的角度出发提出"自由紊流"的微旋涡理论，我国在此理论之上研制出多种反应设备亦投入生产运行。但我国机械反应多为垂直轴机械反应，国外平流沉淀池多为水平轴机械反应，并采用液力无级变速式电机调频无级变速。我国在前一段时间对缩短反应时间很感兴趣，所设计的反应池停留时间有的短达 7 分钟，认为这样可以减少占地节约投资。现在随着实践和对高效反应的认识加深，又开始倾向延长反应时间，这与国外先进国家的认识趋于一致。

10.5　我国沉淀技术的发展及与国外技术的差距如何？

平流沉淀池是给水行业最古老的一种池型，大型水厂应用较多，我国与国外技术水平相差无几，所不同的是，国外停留的时间较长，一般为2～4 小时，我国停留时间多为1～2 小时。选择较长的停留时间可以节约药剂，提高沉淀后的水质，并有足够的调节余地，抗冲击负荷能力较强。停留时间短可以节省基建投资，减少占地面积。具体设计停留时间多长为好，这需要根据国家发达程度、沉淀后水质指标要求，并进行经济技术比较后确定，根据我国水质标准和国情，采用 1.5～2.0 小时停留时间为好。

斜管沉淀池是继平流沉淀池之后于 20 世纪 60 年代末 70 年代初发展起来的一种建立在"浅池理论"上的沉淀设施，具有占地面积少、沉淀效率高的特点，在我国经过近 20 年的应用和发展，使沉淀技术日臻完善，也积累了许多设计和运行经验，是一种成熟工艺。近年来在斜管管形上出现了多种形式，有"山形"斜管、"近菱形"斜管、旋转 30° 放置的正六边形斜管，规格上有 $\Phi25\sim70mm$ 等多种规格的斜管;材质有聚乙烯、聚氯乙烯、聚丙烯、乙丙共聚等多种材料;并且在加工制作上有多项改进。从工艺角度看我们并不落后。主要差距表现在设计参数选用偏高和监测控制能力较差。斜管上升流速我国多选用 2.5～3.0mm/s,国外多选用 2.0mm/s 以下。另外，由于水在斜管沉淀池内停留时间较短，一般为 20~30 分钟，在斜管内停留时间仅 5～6 分钟，由于停留时间短，使斜管沉淀池运行管理要求提高，国外先进国家自动化程度高，在控制上不成问题，即使如此，有些国家仍在规范中明确规定斜管沉淀池必须设置完备的检测和控制系统，如日本。我国的监测和控制系统水平较低，仪器设备不过关，多为人工检查调试，给斜管沉淀池稳定运行带来困难。加强斜管沉淀池的监测和控制是我们面临的一项任务。

高效沉淀池在国内城市供水应用中主要有以下三种类型。

（1）加砂絮凝沉淀池。加砂絮凝沉淀池是法国 Veolia Water 集团在 20 世纪 80 年代末 90 年代初开发的一种具有专利技术的高效沉淀池型，命名为 Actiflo 沉淀池，用于去除水中悬浮物、浊度及颗粒有机物，通过投加微砂来加大絮凝接触面积，在与高分子絮凝剂协同作用下与水中污染物形成大颗粒易于沉淀的絮体，使沉淀速度大大加强，又结合斜板沉淀以减少沉淀池面积及沉淀时间，以取得良好的出水效果。其工艺流程如图 10.4 所示。

（2）泥渣絮凝沉淀池。泥渣絮凝沉淀池是近年来从法国得利满公司引进的新型沉淀池，又称 Densadeg 高密度沉淀池，由混合区、絮凝区、推流区、沉淀区、污泥浓缩区及泥渣回流和排放系统组成，如图 10.5 所示。

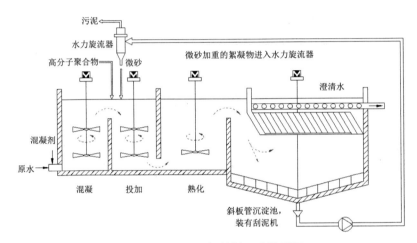

图 10.4　Actiflo 沉淀池工艺流程图

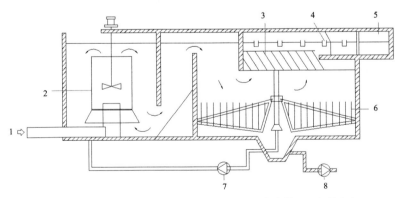

1—原水进水；2—絮凝反应区；3—斜管；4—集水槽；5—沉淀出水；
6—带栅条刮泥机；7—泥渣回流；8—泥渣排放

图 10.5　Densadeg 高密度沉淀池工艺流程图

（3）中置式高密度沉淀池。中置式高密度沉淀池是上海市政设计研究总院在总结传统沉淀池长处的基础上，对加药点、混合和絮凝方式等技术点进行优化后开发出的新池型。中置式高密度沉淀池设有 5 个过程区，即混合区、絮凝反应区、分离沉淀区、浓缩排泥区及分离出水区，其示意图如图 10.6 所示。

由于国内高效沉淀池在池型布置和运行参数等方面差异较大，对运行管理的要求较高，尤其是国外池型，由于国内设计标准缺乏，往往造成实际使用上难以发挥应有的效果。目前高效沉淀池在设计方面的问题，主要有：池型布置占地利用率还有待进一步提高；多种药剂种类、投加位置、投加次序和投加量等控制因素应进一步优化；污泥浓缩和回流控制应进一步加强。

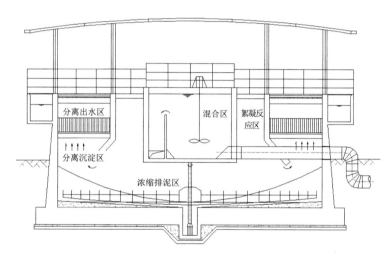

图 10.6　中置式高密度沉淀池示意图

10.6　我国澄清技术的发展及与国外技术的差距如何？

澄清池在我国使用普遍程度仅次于平流沉淀池和斜管沉淀池。悬浮澄清池和水力循环澄清池是早期修建的。现在为了提高效率，大多都进行了不同程度的改进。我国现在建造的澄清池多为机械加速澄清池，用于中小水厂的一级处理，但有些大型水厂也选用此种池型，如北京新投入运行的水源九厂（规模为 50 万 m^3/d）即为该种池型。也有的新建水厂选用脉冲澄清池，如南京市新投入运行的上元门水厂（规模为 10 万 m^3/d），由此可见，澄清池在我国还是有发展前途的。

欧美国家的城市水厂仍多用普遍快滤池，虹吸滤池少用。传统的穿孔管型式的配水系统仍在使用，但是其他型式的，配合辅助空气冲洗的配水系统也正在广泛利用。欧洲，特别是法国用空气辅助冲洗的很普遍，典型的是法国的 V 形滤池，下部的配水系统是用滤头。美国则用配水渠道的型式比较多，有专门的工厂生产配水系统，包括气水混合冲洗型的。

双层滤料仍在广泛应用。美国为了解决双层滤料的冲洗问题，有利用表面辅助水冲洗的设备，有单层布置的（只在滤层表面设备）和双层布置的（在滤层表面和二层滤料的交界面处都设一旋转的冲洗管）。使用滤料粒径和厚度较大的均匀砂滤料的型式也在逐渐增多，特别是在 V 形滤池。其他型式的滤池如移动罩滤池和连续过滤型式的滤池在小的水厂也有所应用。

国外先进国家仍在研制新型澄清池，以进一步扩大澄清池的适用范围和得到高质量的滤前水。法国德克雷蒙公司（Degre'ment）最新研制出的"登萨代"（Densadeg）澄清池，可以认为是新型澄清池的代表。该种类型澄清池于 1988 年 11 月 15 日在法国巴黎莫桑水厂（morsang）第三条生产线上投入生产运行，日处理水量 7.5 万 m^3。Densadeg 澄清池是将反应、板状增稠、澄清综合为一体的水处理的构筑物，同时配以外部污泥回流和外部投药混合组成的一个完整净水系统。该澄清池上升流速达 6.4mm/s，（一般机械加速澄清池上升流速为 0.7～1.1mm/s）出水浊度低于 1NTU，具有良好的澄清效果。这种澄清池从构造功能上可以分为三部分：第一部分为三个同心室，将加药混合后的原水和增稠回流的絮体活性污泥混合反应，形成絮凝质量好、密度高、分离性能好的固液两相体系；第二部分为预沉降部分，在这里泥水固液两相流发生快速分离。上部的初沉降水进入斜管澄清区，下部的泥浆经沉淀、增稠后被连续运转的刮泥机刮入积泥槽后部分回流，剩余部分排入污泥处理系统；第三部分为斜板澄清区，预沉降后的水在这里进一步去除残留絮体，从而获得高质量的澄清水。该澄清池回流水量仅为最大处理水量的 1%～4%（一般机械加速澄清池回流量为处理水量的 3～4 倍），较大地节约了用于回流水量的动力消耗。该种澄清池弥补了各种传统澄清池的不足，具有如下特点：①板状澄清区有较高的上升流速（5.5～10.1mm/s）；②能产生特别浓的回流污泥（20～500g/L）使回流污泥量极大减少，并可以使污泥处理系统省略污泥浓缩池；③可生产高质量的水（浊度低于 1NTU）；④和通常用的澄清池相比，药剂费用节约 10%～30%；⑤运行可靠，能耐受流量和水质变化的冲击；⑥能用于多种水处理工艺，如饮用水净化、水软化、城市污水处理。由于 Densadeg 澄清池具有以往澄清池所不具备的优势，目前已在法国、德国推广应用。相信不久的将来也将引入我国，缩小我国在澄清池方面与先进国家的差距。

10.7　我国过滤技术的发展及与国外技术的差距如何？

过滤在水处理上一般称为二级处理，通常是设于沉淀、澄清、气浮等一级设备之后，用来进一步降低水中浊度。最早的过滤是使用慢滤池。这是利用生物膜过滤工艺。慢滤池出水水质高，但生产效率低。当前国内外过滤过程多使用快滤池以提高生产效率。

快滤池的过滤机理是接触絮凝。快滤池发展历史已百余年，创造出多种池型，有四阀滤池、双阀滤池、虹吸滤池、无阀滤池、压滤罐等。大型水厂多使用四阀滤池及其改型的双阀滤池。从滤料上看，使用单层砂滤料和砂、煤双层滤料的较多，三层滤料及三层以上滤料应用较少。

国外先进国家的过滤设备与我国相比在三个方面有较大改进：①滤料品种、级配的改进；②辅助冲洗的普遍应用；③自用水的降低。滤料品种和级配的改进方面，我国使用的砂滤料，粒径一般为 0.45～1.1mm，不均匀系数 $K80$ 一般选为 1.6～2.0，无烟煤滤料一般作为双层滤池的轻质滤料，粒径多为 1.0～2.0，不均匀系数 $K80$ 多为 2.0 左右。国外正在逐步走向大粒径、深厚度的均匀滤料，如 1981 年建成投产的法国图卢兹市大卫水厂的滤池采用的滤料为滤径 1.0～1.4mm 的石英砂滤料，厚度为 1.1m。美国 1986 年投产的被给水工程界誉为优秀设计的洛杉矶水厂的滤池采用的滤料直径为 1.5～2.2mm 的无烟煤滤料，厚度高达 1.83m。欧美许多新建的滤池都有向大粒径、深厚度方向发展。我国近年来也有这种趋势，但像洛杉矶水厂那样大胆采用单层煤滤料尚未见到。

欧美国家普遍使用辅助冲洗。有水冲和气冲两种。水冲有设一层的，也有在滤料层中再加设一层的。气冲则有采用"丰"字形管布气，也有用长柄滤头布气的。由于气冲造成滤料间摩擦力加大，使滤池冲洗更干净，故欧美国家采用气冲更为普遍。我们水冲早有应用，气冲也有使用，但不普遍。其原因是加辅助冲洗后使操作复杂，并有可能引起滤料流失。随着自动控制的发展，我国的辅助冲洗会逐步普及。

水厂的自用水主要是用于滤池冲洗，约占出厂净水量的 5%～7%，节约自用水一直是给水工作者努力的目标。对于可作饮用水源的水越来越少，节约冲洗水量的意义更显得日益突出。我国的冲洗强度设计多采用完全膨胀型冲洗，即冲洗时整个滤层全部在上升水流作用下膨胀起来，呈流化状态，强度为 13～15 L/(m²·s)，使用水量很大。国外近年开始搞大粒径滤料的不膨胀冲洗。以节约冲洗水量，或采用不完全膨胀冲洗。

法国德克雷蒙水处理公司的专利——Aquazur V 形滤池是一种比较先进的滤池设计。这种滤池使用单层砂滤料，粒径通常为 0.95～1.35mm，允许扩大到 0.7～2.0mm，K80 不均匀系数为 1.2～1.6。滤料层厚度为 1.0～1.5m，冲洗时采用水冲洗、气冲洗和表面扫洗相结合。滤池在冲洗时完全不膨胀，避免了由于水力筛分作用而使小粒径滤料集中于上层，该滤池冲洗时，先进行气冲，强度为 13.9～16.7 L/(m²·s)。水冲强度为 3.6～4.2 L/(m²·s)。表面扫洗强度为 1.4～2.2 L/(m²·s)。由于空气加入使滤料相互摩擦，去除滤料表面黏附的絮体，然后在冲洗水的作用下被带到滤料表面，滤料表面的扫洗将絮体扫入排水槽。然后停止气冲，冲洗水继续对滤料进行漂洗，把残留絮体进一步带出滤料表面，被扫洗水带入排入槽。这是一种非常有效的冲洗，避免了滤床中结泥球。冲洗水仅为常规冲洗水量的 1/4，大大节约了清洁水的使用量，表面冲洗所用的水为未经过滤的滤前水，所以扫洗时不加重滤池负担。冲洗水、扫洗水量之和也仅是常规冲洗水量的 1/3，所以此种滤池是一种滤速较高、生产能力强、省水经济的滤池。在世界上也是比较先进的。我国已有水厂引入该种滤池。如南京市上元门水厂 10 万 t 扩建工程即引入该池种。另外 Mediazur V 形滤池与 Aquazar V 形滤池相似，适用于轻质滤料如活性炭、无烟煤或砂、煤双层滤料。只不过是滤料厚度、冲洗顺序作了调整。气冲、水冲分别进行。这里就不详叙了。总之，Aquazur V 形滤池是国外具有代表性的先进滤池中的一种，有许多可供我们借鉴、学习之处。

10.8 我国消毒技术的发展及与国外技术的差距如何？

消毒杀菌技术已成为给水处理中不可缺少的处理手段之一。随着工农业的发展，自 20 世纪 80 年代起，由于部分地区的地面水源水质逐渐变差和饮用水水质要求的提高，水厂的处理工艺在常规处理基础上向深度处理的趋势发展。

1. 氯气消毒

很长一个时期以来，传统的消毒杀菌剂主要是采用氯及其化合物。该方法操作技术简单、价格低、杀菌效果好。在至今国外仍为主要杀菌方法之一，我国应用更为普遍。使用氯气消毒我国与国外的主要差距在于投加的控制手段上，目前一般采用容量分析比色法测量投氯后的余氯值，依据其余氯值采用浮子加氯机或真空加氯机调节投加量，靠人工操作。该方法不能提供准确的投加量，只是靠经验控制，检验投加效果又具有滞后性。而国外则采用自动余氯检测仪检测，根据余氯量反馈给自动加氯机自动调节投加量。这套设施由于国内的余氯检测仪以及氯氨加注自动化设施有待提高，目前尚不普及。

2. 二氧化氯和臭氧消毒

二氧化氯用于给水处理消毒，近年来受到广泛的注意，主要是由于它不会与水中的腐殖质反应产生卤代烃。一般二氧化氯在水中主要起氧化作用，而不是氯化作用，因此不容易产生潜在的致突变物——有机氯化合物。针对我国大多数水厂采用加氯消毒系统，改用二氧化氯在原系统基础上加以改造是简易可行的。但由于气态二氧化氯在超过四个大气压的压力时会发生爆炸，因而不易压缩储存，只能在使用现场制造，因此安全问题应引起注意。二氧化氯最普遍的使用方法是用它来代替预氯处理或（混凝沉淀）前加氯。即作为第一次消毒及氧化，滤后水中加氯，保持管网余氯可有效地降低三卤甲烷的生成和保证杀菌效果。

臭氧消毒被认为是在水处理过程中替代加氯的一种行之有效的消毒方法。因为臭氧首先是具有很强的杀菌力，其次是氧化分解有机物的速度快，使消毒后水的致突变性降为最低。经臭氧消毒的水中病毒可在瞬间失去活性，细菌和病原菌也会被消灭，游动的壳体幼虫在很短时间内也会被彻底消除。因此国际上已普遍应用，特别是法国普及率很高。近年来，臭氧还作为深度处理的方法在国外被采用。但是臭氧的发生和应用是一个高能耗技术，目前国外每产生 1kg 臭氧约需 4000 美元。而电耗高达 22（kW·h）/kg 臭氧。这使广泛应用受到限制，并且臭氧对细菌有显著的后增长效果。因此近来人们注意将臭氧与其他净水技术结合使用，如臭氧-氯，臭氧-紫外线消毒。不仅能获得满意的杀菌效果，还能有效地去除饮用水中挥发性有机物。据有关资料介绍，通过臭氧与其他消毒剂比较研究后得出以下结论：

从消毒效果看，臭氧＞二氧化氯＞氯＞氯胺。而从消毒后水的致突变性看则氯＞氯胺＞二氧化氯＞臭氧。由此可显示出采用臭氧消毒的优点。

10.9 提标改造深度处理技术及其技术特点有哪些？

水的深度处理主要在于去除原水中的微量有机污染物，国外采用深化处理较为普遍，我国在水的深化处理方面还处于起步阶段，大部分老水厂均未采用深度处理，只是部分新水厂采用了活性炭吸附处理。目前水的深度处理主要包括：活性炭吸附、臭氧和活性炭联用、光化学氧化和膜法。

1. 活性炭吸附技术

水处理工作者一致发现，活性炭吸附是从水中去除多种有机物的"最佳实用技术"，其原理是利用活性炭巨大的比表面积吸附水中的有机污染物，可有效地去除臭、味、色度、氯化有机物、农药、放射性污染物及其他人工合成有机物。

活性炭净水技术分为粉末活性炭净水技术、颗粒活性炭净水技术和生物活性炭净水技术。

粉末活性炭在应用中基建与设备投资较低，使用灵活方便。但活性炭难以回收，使用过程中运行费用较大，仅在污染严重时期使用。

颗粒活性炭（GAC）在水处理中使用较多，粒状活性炭的使用通过活性炭滤床实现，将其置于砂滤后或者取代现有砂滤床。受污染的水经过活性炭滤床后，有机污染物被截留在活性炭滤床中。如今已发展为球形活性炭、浸透型活性炭、高分子涂层活性炭等多种类型。图 10.7 为颗粒活性炭常用的工艺流程图。

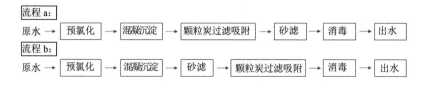

图 10.7 臭氧活性炭滤池净水技术流程图

用活性炭做吸附剂去除水中污染物，虽能取得良好的效果，但其价格较贵，对大部分极性短链含氧有机物，如甲醇、乙醇、甲醛、丙酮、甲酸等不能去除，而且由于我国水源污染较重，活性炭使用不久便饱和、失效，水体污染严重时活性炭只能运行几周时间。活性炭的吸附性能可以通过再生得到恢复，但更换活性炭频繁、再生费用很高。近些年来，人们将粉末活性炭预涂到某些载体上，提高了粉末活性炭利用率，也提高了有机污染物的去除效率。还有采用其他处理方式与活性炭联合使用的技术，也具有较好的效果。如臭氧+活性炭联合使用技术也就是生物活性炭技术。

2. 臭氧活性炭联合使用技术

臭氧活性炭联合使用技术也叫生物活性炭技术，是颗粒活性炭在滤床中，通过臭氧的作用使活性炭炭粒表面生长出大量的好氧微生物，充分发挥它们对有机物的生物降解作用和活性炭的吸附作用，显著地提高了出水水质，并延长了活性炭的使用周期 。

臭氧活性炭净水技术的特点是以强氧化剂臭氧预氧化水中的有机物和其他还原性物质，使部分难降解的大分子有机物转变为易生物降解的小分子物质。从而提高活性炭池进水的可生化性。同时，颗粒活性炭在微生物作用下生成一层生物膜，生物膜又以部分有机物为营养物，形成一个生物链，达到进一步去除有机杂质的效果。这种技术是臭氧化学氧化，活性炭物理化学吸附，生物氧化降解及臭氧菌消毒四合一的饮用水深度处理技术，是当前饮用水深度处理的发展趋势。图 10.8 为臭氧活性炭净水技术工艺流程图。

原水 → 预臭氧接触池 → 常规处理 → 后臭氧接触反应池 → 颗粒炭池 → 消毒 → 出水

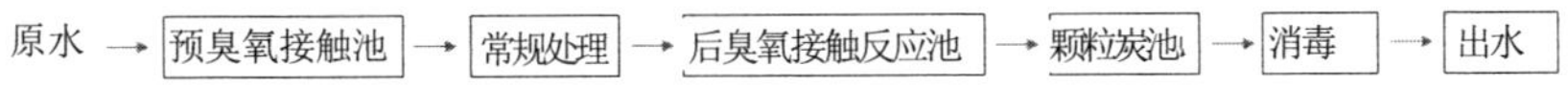

图 10.8　臭氧活性炭净水技术工艺流程图

作为深度处理臭氧与活性炭联用有以下优势：①臭氧氧化能力较强，可以将大分子有机物分解成小分子有机物，从而增加后续活性炭对有机物的吸附能力；②臭氧分解为氧气后增加了水中溶解氧浓度，加上臭氧氧化有机物后水中可生物利用有机物增加，有利于活性炭上微生物的生长，因此活性炭变成生物活性炭，利用活性炭上微生物对有机物的降解作用，提高了对有机物的去除效率和活性炭的使用周期；③臭氧消毒反应迅速，杀菌效率高；④臭氧活性炭能够减少水中氯代消毒副产物的生成量。

臭氧活性炭净水技术是饮用水深度处理最有效可靠的方法之一。但臭氧活性炭的应用在 21 世纪受到新的挑战，主要原因有：

（1）臭氧氧化副产物问题。采用臭氧氧化工艺，将产生一些臭氧氧化副产物。臭氧氧化副产物主要可分为两类：一类是溴酸盐和次溴酸盐，其中溴酸盐具有强致癌性，我国以及美国、欧洲、日本和世界卫生组织等均将饮用水中溴酸盐控制标准定为10g/L。2006年1月4日颁布、3月6日正式生效的美国新的消毒剂/消毒副产物法（D/DBP Rule）规定溴酸盐的目标控制值是0。如果原水中含有一定浓度的溴离子，则有导致臭氧化后的水中产生溴酸盐的风险。其次，次溴酸盐是溴仿和溴化有机物的前驱物，而溴代消毒副产物也是饮用水标准严格限制的。另一类是臭氧化有机物后产生的小分子有机物，如醛类、脂肪酸、羧酸、酮类、AOC等，这些有机物有些具有较强的生物毒性，不过在经过生物活性炭处理后，由于活性炭的吸附作用和生物降解作用，可在一定程度上将这些有机物分解。

（2）生物安全性问题。臭氧生物活性炭工艺在活性炭上会生长大量的微生物，这些微生物将对炭滤后出水水质产生影响。①这些微生物会产生一些胞外分泌物，其中一些胞外分泌物可能具有一定的生物毒性；②这些微生物会穿透活性炭床进入到出水中去，而且由于这些微生物已经经过了臭氧消毒工艺后存活下来的，对消毒剂一般具有更强的耐受能力，不容易被杀灭；③进入到出水中的微生物往往被包裹在细微颗粒之中，因此很难接触到消毒剂。这些都造成了后续消毒工艺的困难。此外在南方城市已经发现臭氧生物活性炭工艺出水中出现了较多的藻类，如剑水藻等，这些藻类一方面影响了水的感观指标，另一方面也可能出现一些有生物毒性的藻类或藻毒素。

此外，在中国的实际应用中还有设备购买与维护、气源管理与安全等问题。

3. 膜法

膜技术最早的研究起源于20世纪50年代，真正大规模应用在20世纪90年代中期开始，并在21世纪得到快速增长。膜技术被美国EPA推荐为最佳工艺之一，日本则把膜技术作为21世纪水处理的基本技术，并实施国家攻关项目"21世纪水处理膜研究（MAC21）"专门开发膜净水系统。因此膜技术可以称为第三代的饮用水净化技术。

膜过滤是用天然或人工合成高分子有机薄膜或者无机陶瓷膜做介质，以外界能量或化学位差为推动力，对双组分或多组分溶液进行过滤分离、分级提纯和富集的物理处理方法。目前常见的膜法有微滤、超滤、纳滤、反渗透、电渗析、渗透蒸发、液膜等。从膜滤法的功能上看，反渗透能有效地去除水中的农药、表面活性剂、消毒副产物、THMs、腐殖酸和色度等。纳滤膜用于分子量在 300 以上的有机物去除。超滤通常孔径为0.01μm 或 0.04μm，能去除分子量大于 1000 以上的有机物、微生物（包括两虫、细菌和病毒）。微滤通常孔径比超滤要大，因此过滤效率不如超滤。因为两虫（隐孢子虫和贾第虫）具有抗氯性，是目前饮用水处理中备受关注的致病微生物，因此超滤对两虫的去除可以有效保证饮用水的微生物学安全性。同时超滤可以充分保证浊度物质的去除，解决目前常规处理对浊度去除不充分的问题，而且超滤可以大大减少占地面积，节约土地资源。因此综合考虑技术特点和成本因素，目前超滤是饮用水净化中的主流技术。

但膜技术也有缺点，超滤是纯物理截留作用，对低分子有机物不能去除，因此必须与活性炭结合，发挥各自的优势，才能提高整个处理工艺对有机物的处理效率。膜处理的成本问题、使用经验问题和膜污染的控制问题等仍然备受关注。但近几年膜处理的成本已经大幅度下降，与常规工艺已经具有可比性。随着膜技术的发展和研究的不断深入，不久的将来，膜技术在饮用水净化中的应用一定会得到大力推广。

据专家介绍，原水污染增加、水质标准提升，对于供水及污水处理企业来说，首要的任务便是改进水处理工艺，传统的三段式饮用水处理工艺已难以有效应对水源变化。在此方面，膜处理技术设备将逐步替代现有工艺设备，成为未来市场主流。

10.10　净水工艺可进行哪些改造？

目前我国各自来水厂的水源大都遭受生活污水与工业废水的污染，原水中有机物氨氮浓度增加，使水带色、味；有的水厂是从湖泊、水库取水，由于原水藻类（包括藻类分泌物）增加，使出水色、腥味增加。这些原水经水厂常规工艺净化，浊度不易得到很好控制，滤池易堵塞（藻类影响），出水有机物浓度高（生物不稳定，易使输配水管道中细菌滋长，恶化水质），氨氮浓度高，使加氯量增加进而使消毒副产物（如三卤甲烷、卤乙酸等）量增加，提高了饮用水的致癌风险，使出厂水有异味，水质下降，往往会遭受居民的抱怨和投诉。因此，对给水厂的现有工艺进行改造势在必行。

净水厂的工艺改造有以下几种方法：①增加深度处理构筑物，如活性炭吸附（或者臭氧-活性炭联用）技术；②增加预处理构筑物，如生物预处理（接触氧化池或生物滤池）；③不增加常规工艺前、后的净化构筑物，在现有工艺上改造，如强化混凝、强化过滤、优化消毒；④综合采用前面几种技术。

具体来说，给水厂净水系统技术改造的内容主要包括如下几个部分：

（1）针对水源水的污染特性，增设必要的预处理设施。预处理技术包括投加化学氧化剂，如臭氧、高锰酸钾；投加吸附剂，包括粉末活性炭和活化黏土；以及生物氧化技术等。特别是生物氧化预处理技术（如曝气生物滤池），由于本身存在的一些优点，自20世纪80年代以来，在许多国家得到重视。我国部分城市水厂也已经开始了这方面的工作。

（2）混凝技术改造。改造的基本方法可因地制宜选用静态混合器、利用水泵和加装机械搅拌混合器等。

（3）絮凝技术改造。改造的基本原则是创造适宜的水力条件，使絮凝的各段过程中尽量接近最佳 GT 值。对打碎絮体的部位需扩大断面积，对 GT 值过小的部位加装网格或阻流装置。如要适当增加絮凝时间则可适当地占用一些沉淀池空间来解决。

（4）沉淀池、澄清池的技术改造。改造的基本方法是加装斜管或斜板。

（5）过滤技术改造，改造为煤和砂的双层滤料滤池；可考虑采用轻质（煤或陶粒滤料）、粒径较粗、滤层较厚的均匀滤料。滤池采用气水联合反冲洗，改善冲洗效果，节约冲洗水量。

（6）助滤剂的应用。在进滤池的水中再加注少量（一般为 1~3mg/L）的混凝剂或微量（一般几十毫克每升）高分子絮凝剂，能明显改善水的过滤性能，显著提高去除率。这是改善过滤出水水质的一个非常重要措施。投加助滤剂后，出水浊度明显降低，但运行周期会相应缩短。经试验，采用助滤剂方案时，如运行周期尚长，可不改变滤层，否则要同时把滤层改为双层滤料或均粒滤层并加装表面冲洗以改善冲洗效果。

（7）增设活性炭吸附或生物活性炭（臭氧-活性炭联用）深度处理设施，进一步控制出厂水中的有机污染物的浓度，减少卤代物质的生成量。

（8）在无条件建立活性炭滤池时，可在过滤前投加粉末活性炭（PAC），或将滤池改造为活性滤池。

（9）优化消毒工艺，使用氯胺、二氧化氯、臭氧等消毒剂，降低消毒副产物的产生量，提高饮用水的卫生安全性。

（10）采用膜技术，可以替代常规工艺和深度处理工艺，并可以去除部分溶解性无机盐。

（11）水厂自动控制的技术改造，目的是减低能耗，优化工艺参数，保证出水水质。

参考文献

[1] 洪觉民.城镇供水工程[M].北京：中国建筑工业出版社，2009.

[2] 严煦世，刘遂庆.给水排水管网系统[M].北京：建筑工业出版社，2002.

[3] 李志鹏.给水排水工程（市政工程施工技术问答）[M].北京：中国电力出版社，2006.

[4] 张朝生.给水排水工程设备基础[M].北京：高等教育出版社，2004.

[5] 谌永红.给水排水工程[M]．北京：中国环境科学出版社，2008.

[6] 张玉先，邓慧萍.现代给水处理构筑物与工艺系统设计计算[M].北京：化学工业出版
     社，2010.

[7] 住房和城乡建设部村镇建设司.给水设施与水质处理[M].北京：中国建筑工业出版社，
     2010.

[8] 夏宏生.供水水质检测 2：水质指标检测方法[M].北京：中国水利水电出版社，2014.

[9] 周金全.地表水取水工程[M]．北京：化学工业出版社，2005.